Python

编程超简单

[英] 阿普丽尔·斯佩特（April Speight）著　肖鉴明 译

人民邮电出版社

北　京

图书在版编目（CIP）数据

Python编程超简单 / （英）阿普丽尔·斯佩特
（April Speight）著；肖鉴明译. -- 北京：人民邮电
出版社，2022.7
（少儿学编程）
ISBN 978-7-115-57429-9

Ⅰ. ①P… Ⅱ. ①阿… ②肖… Ⅲ. ①软件工具－程序
设计－少儿读物 Ⅳ. ①TP311.561-49

中国版本图书馆CIP数据核字(2021)第198089号

◆ 著　　　[英] 阿普丽尔·斯佩特（April Speight）
　　译　　　肖鉴明
　　责任编辑　吴晋瑜
　　责任印制　王　郁　焦志炜
◆ 人民邮电出版社出版发行　　北京市丰台区成寿寺路 11 号
　　邮编　100164　电子邮件　315@ptpress.com.cn
　　网址　https://www.ptpress.com.cn
　　北京宝隆世纪印刷有限公司印刷
◆ 开本：720×960　1/16
　　印张：12　　　　　　　2022 年 7 月第 1 版
　　字数：161 千字　　　　2022 年 7 月北京第 1 次印刷
　　著作权合同登记号　图字：01-2020-7361 号

定价：69.90 元

读者服务热线：**(010)81055410**　印装质量热线：**(010)81055316**
反盗版热线：**(010)81055315**
广告经营许可证：京东市监广登字 20170147 号

内容提要

这是一本写给青少年的 Python 编程图书，行文风格简明、易读，示例和项目活泼、有趣。全书始终遵循"小巧的 Python"这一原则，力求简化技术性定义，让刚接触 Python 语言的青少年理解并真正掌握 Python 的基础知识。

本书先介绍变量、循环、列表、模块、函数、字典等关键概念，然后通过示例和项目，引导青少年在充分理解这些概念的基础上实现动手实践，进一步巩固所学知识。

本书适合初学 Python 编程的青少年阅读，也适合对 Python 编程感兴趣的教师、家长以及培训机构的相关从业者参考。

作者简介

阿普丽尔·斯佩特（April Speight）是一名 Python 开发人员，热衷于帮助编程初学者学习 Python。她相信易懂、有趣的编程指令，能够真正激发初学者的学习热情。阿普丽尔·斯佩特喜欢编写 AI 助手及聊天机器人程序，还喜欢在混合现实体验领域做一些创新，以及探索向非技术类人群阐释技术概念的新方法。

技术审校
简介

　　克雷格·布罗克施密特（Kraig Brockschmidt）在技术文档开发领域有30多年的工作经验。在此期间，他出版过多本图书，发表过多篇文章，并在多个平台上提供过示例代码和文档。他目前在微软从事技术文档开发工作，主要是在微软云计算平台 Azure 上用 Python 进行开发的相关工作。

致 谢

刚开始学习 Python 的时候，我在互联网上几乎找不到什么可用的资源。书店里的编程书大多也不是面向初学者的。现在我们常常告诉初学者的那些可以学 Python 的平台，当时要么还未诞生，要么尚处于萌芽状态。简言之，对于那些非技术背景的初学者来说，在学习 Python 基础编程概念的过程中四处碰壁是常有的事。

如今，对于初学者来说，可供选择的资源非常丰富。在此向无私奉献了大量 Python 学习资源的人们表示深深的感谢！

很荣幸你能阅读本书！感谢参与本书出版的所有人！本书得以付梓，离不开 Wiley 出版社各位朋友的鼎力相助，感谢你们助我梦想成真，感谢你们给我这次分享知识的机会。

感谢本书的策划编辑——德文·刘易斯（Devon Lewis），每次分享出版历程，我总是情不自禁想提到你的名字。感谢你在百忙之中观看我在 YouTube 的视频，并相信我能够把自己掌握的内容分享给更多的人。

感谢本书的技术审校——克雷格·布罗克施密特（Kraig Brockschmidt），非常荣幸能与你合作。从第一眼看到你是如何从出版角度编辑一个研究文档起，我就知道我可以充分相信你！

感谢我的家人和朋友们，感谢你们一直以来的帮助和支持，感谢你们为我大力宣传本书！我爱你们！

最后，感谢美国消费电子协会[1]（Consumer Electronics Association，CEA）给了我在贵司 IT 部门工作的机会（2013—2014 年），让我得以进入技术行业。感谢 Shell、Sterling、Winson、Jay、Jonathan、Ahmed、Tony、Chris 和 Kyle！

---

1 译者注：现为美国消费科技协会（Consumer Technology Association，CTA），其前身为美国消费电子协会（Consumer Electronics Association，CEA）。

目　录

第 1 章　Python 是什么　　　　　　　　　　　　　1

第 2 章　安装 Python　　　　　　　　　　　　　　5

第 3 章　IDLE　　　　　　　　　　　　　　　　　9

第 4 章　变量　　　　　　　　　　　　　　　　　15

第 5 章　数字　　　　　　　　　　　　　　　　　27

第 6 章　字符串　　　　　　　　　　　　　　　　37

第 7 章　条件与控制流　　　　　　　　　　　　　51

第 8 章　列表　　　　　　　　　　　　　　　　　63

第 9 章　for 循环　　　　　　　　　　　　　　　77

第 10 章　while 循环　　　　　　　　　　　　　95

第 11 章　函数　　　　　　　　　　　　　　　　109

第 12 章　字典　　　　　　　　　　　　　　　　131

第 13 章　模块　　　　　　　　　　　　　　　　155

第 14 章　后续内容　　　　　　　　　　　　　　171

附录　小测验答案　　　　　　　　　　　　　　179

第1章

Python 是什么

欢迎来到 Python 编程的世界！打开本书，你就打开了用代码创建无限可能性的世界之门。Python 是一门适合初学者的编程语言，通常来说，它的语法结构和英语比较相似。

那么，我们用 Python 能做什么呢？Python 既可以用来指挥机器人的各种行为，也可以向人工智能（Artificial Intelligence，AI）助手发出各种命令。通过 Python，你可以把诸如"提醒你每天遛狗"或是"每周向社区发送电子通信"这样的日常工作加以自动化。你可以使用它来创建博客，构建 Instagram 这样的社交媒体应用，甚至可以制作属于你自己的冒险游戏。除此之外，学习 Python 也是探索一些更高级概念的基础，主要包括 Web 开发、应用程序接口（Application Programming Interface，API）的数据集成、区块链技术、数据科学以及 AI（例如，计算机视觉、机器学习和自然语言处理等）。Python 能够完成的事情真是数不胜数！

本书的体例

　　本书是为真正的初学者而编写的。即使你从来没有写过任何代码，要学习本书也没有问题！本书会先讲解编程的基础知识，帮助你打好 Python 学习的基础。

　　本书的内容是按章节循序渐进学习的。如果你从未编写过任何 Python 代码，那么请按照书里各个章节的顺序进行阅读。下面我们将介绍在后续章节里要用到的内容。

语法

　　语法（syntax）用于表示编写代码时需要遵循的一组规则。在为新的概念引入语法时，那些需要修改的单词会以斜体样式加以显示。

代码块

　　在本书中，我们会用代码块（code block）样式来展现代码示例。代码块的样式如下所示。

```
>>> print('Welcome to the world of Python!')
Welcome to the world of Python!
```

　　我们非常欢迎你把代码块里编写的代码复制到代码编辑器里，并动手尝试运行各个示例。你可能还注意到代码块里的某些单词是彩色的，这称为语法高亮（syntax highlighting）。语法高亮是非常有用的一项功能，有助于你了解代码里的各个语法元素。

小测验

　　本书设有"小测验"小节，旨在帮助你巩固对应部分的知识，进而能够让你充满信心地继续学习。小测验包含选择题、匹配题和填空题。你可以在附录里找到对应的答案。

项目

　　学完一章内容，你可以通过具体的项目来实践所学到的知识。对于每个项目，我们建议你动手编写自己的 Python 程序。程序（program）是指存储在文件里、可以用来运行并完成一定任务的命令的集合。这些项目的存在是为了能够让你实践当前及之前各章里获得的知识，而我们也为各个项目提供了非常详细的实现说明。

　　欢迎你基于本书的项目构建出更有用的 Python 程序。在深入了解如何使用 Python 后，你就会发现自己有了更多去做开发的意愿。请把书里的项目作为蓝本，去实现你的想法吧！

第**2**章

安装 Python

你可能已经给自己打好气了："Python 听起来很酷，我准备好编写代码了！"不过，在此之前，你需要先在计算机上安装 Python 的最新版本，然后才能用这门语言进行各种操作。准备好了吗？让我们开始吧！

下载 Python

下面我们将基于你可能使用的不同操作系统平台介绍如何去下载 Python。

Windows 平台

如果你使用的是运行 Windows 操作系统的计算机，那么可以从 Microsoft Store（微软应用商店）下载 Python。请在搜索栏里输入 **Python** 并选择其最新版本。

Overview 标签页显示了有关这门语言的其他信息。如果你并不确定自己的计算机是否满足安装 Python 的前提条件，可查看 **System Requirements** 标签页里的内容。如果一切都很正常，单击 **Get** 按钮开始下载。

下载完成后，请按照安装向导里的说明安装 Python。在安装向导开始时，请确保已勾选 **Add Python 3.9 To PATH** 复选框（版本号会根据你选择的版本而有所不同）。

UNIX 平台（macOS 或 Linux 操作系统）

如果你用的是 macOS 或运行 Linux 操作系统的计算机，那么你的计算机里可能已经装有老版本的 Python。在用这些老版本的 Python（Python

2.x 或更早版本）来完成本书里的练习时，你会遇到各种问题，这就需要访问 Python 网站来下载并安装 Python 的最新版本。

下载完成后，请按照安装向导里的说明安装 Python。

查看 Python 的版本

当成功安装 Python 之后，你可以通过终端（terminal）来查看它的版本信息。终端是一个可以用来和计算机进行交流的程序。在终端里，你可以输入命令（command），也就是计算机能够遵循的各种操作命令。如果计算机不明白你输入的命令，就会返回一条错误提示消息。

Windows 平台

在 Windows 平台上，你可以通过 命令提示符（Command Prompt）窗口（它也是一个终端）来查看所安装的 Python 的版本信息。你可以通过搜索命令提示符应用程序来打开终端。

```
Command Prompt

Microsoft Windows [Version 10.0.18363.418]
(c) 2019 Microsoft Corporation. All rights reserved.

C:\Users\apspeigh>
```

Command Prompt 窗口在启动后会加载一些默认信息。在默认信息下方，你会看到一条以闪烁的线作为结尾的行字符。这个闪烁的线又称为文本光标（text cursor）。它被用来表示终端已准备就绪，可以接收输入的命令了。

要想查看已经安装的 Python 版本，请输入命令 **python--version** 并按 Enter 键，输出结果如下所示。

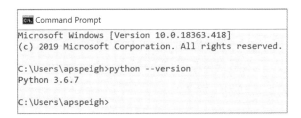

　　如果显示的 Python 安装版本是 3.x 或更高版本，你就可以开始编写代码了！

UNIX 平台

　　在 macOS 或 Linux 系统的计算机上，请搜索终端来打开终端窗口。

　　终端在启动后会加载一些默认信息。在默认信息下方，你会看到一行以"$"结尾的信息。"$"这个符号（也就是文本光标）表示终端已经准备就绪，可以接收输入的命令了。

　　要想查看已安装的 Python 版本，请输入命令 **python3 --version**[1] 并按 Enter 键，输出结果如下所示。

　　如果系统显示的 Python 安装版本是 3.x 或更高的版本，你就可以开始编写代码了！

---

1 译者注：原文为python --version，与图中的命令不符。同时按照前一节的安装流程，UNIX里会同时存在多个版本的Python，因此python3 --version才是正确的命令。

第3章

IDLE

在用 Python 编写代码时，你需要在一个会读取并运行 Python 的程序里，进行代码的编写和执行。第 2 章所介绍过的终端就是这样一个程序。虽然你可以在终端里进行编码，但是我们在后续章节里使用的是名为集成开发环境（Integrated Development Environment，IDE）的程序。IDE 是一个功能强大的程序，它把各种有用的编码工具整合到一起，让你能够更高效地进行编码！虽然互联网上有许许多多的 IDE 可以下载，但是我们使用 Python 自带的 IDE，即 IDLE。

什么是 IDLE

你可以在 IDLE 里编写和运行 Python 代码。不论是在 Windows 还是在 UNIX 平台上，你都可以使用 IDLE，因为这个 IDE 在各个平台上的工作原理都是基本相同的。

IDLE 有一些很有用的功能，可以在你编写代码时提供帮助。

- 为代码提供语法高亮。
- 自动补全。
- 多窗口文本编辑器。
- 智能缩进。
- 调用提示。
- 命令历史。

现在你可能并不知道这些功能有什么作用。没关系，我们会在后续章节里介绍它们的用法。

IDLE 的界面

乍一看，你可能会觉得 IDLE 有点像第 2 章里提到的终端。虽然无论是终端还是 IDLE，你都可以在里面输入命令，但是 IDLE 的界面里还有一些其他功能，而这些功能会对你完成书里的练习有所帮助。

```
Python 3.7.5 Shell                                                    —    □    ×
File  Edit  Shell  Debug  Options  Window  Help
Python 3.7.5 (tags/v3.7.5:5c02a39a0b, Oct 15 2019, 01:31:54) [MSC v.1916 64 bit (AMD64)] on win32
Type "help", "copyright", "credits" or "license()" for more information.
>>> |
```

- **Python 版本**。Python 的版本会显示在 IDLE 窗口的顶部。
- **Python Shell 窗口**。这里是你输入、阅读以及运行 Python 代码的地方。Python Shell 窗口也被称为解释器（interpreter）。
- **文本光标**。文本光标通过闪烁方式告诉你能不能在解释器里输入新的命令或是代码行。如果文本光标没有闪烁，计算机很可能还没有完成你之前让它运行的命令。在这种情况下，请先给 IDLE 一些时间，让它先完成你之前的命令，再输入新的内容。
- **IDLE 菜单**。IDLE 的菜单里有很多选项。如果你尝试实现书里的练习，就会发现 IDLE 的菜单会发生变化。IDLE 里还有 Shell 窗口和 Editor 窗口，这些选项会根据你使用的窗口类型而发生改变。

在 IDLE 里运行代码

先让我们来简单地看看 IDLE 吧！首先，看一看文本光标有没有闪烁。如果文本光标正在闪烁，那么请在解释器里输入"print('Hello World!')"，然后按 Enter 键。

```
>>> print('Hello World!')
Hello World!
```

祝贺你！你刚刚编写并运行了自己的第一行 Python 代码！那么，刚刚究竟发生了什么？事实就是，你输入的代码"告诉"Python 要输出被引号括起来的文本。接下来，我们再试着编写一行类似的代码。但是，在新的这行代码里，请把"Hello World!"替换为另一句话。别忘了在句子的两边加上引号，否则当你按了 Enter 键之后，解释器会返回一条错误提示信息。

```
>>> print( 'Python is awesome!')
Python is awesome!
```

要运行 Python 代码，有两件非常重要的事情需要记住。第一，Python
代码是从上到下运行的。也就是说，会优先运行出现在程序最上方的代码，
因此最后一行代码会在最后被运行。第二，Python 代码会基于适当的缩
进排列。在本书后续的代码示例里，你会注意到这种缩进格式。幸运的是，
IDLE 会自动为你提供缩进。但是，你自己也应该时刻知道代码应该缩进多少。
可以使用空格键或者键盘上的制表符（Tab）键手动缩进代码。

创建并运行文件

每当你在 IDLE 里按 Enter 键时，解释器都会检查是否需要运行这行代
码。但是，如果你编写的是一个包含各种逻辑的比较长的程序，该检测步骤
就显得有些多余了。通常来说，你会创建一个程序，在编写代码时修改它的
逻辑，然后通过运行这个程序来进行测试。但是，如果你是在解释器里创建
整个程序的话，那么要修改程序的一部分逻辑就非常不方便了。

好在你可以在 IDLE 里创建一个文件，并且只有当你去运行这个文件时
才会执行它。你可以根据需要对这个程序进行任何修改，也可以把这个程
序保存起来，从而方便以后访问它。这也正是在解释器里直接进行编码和在
IDLE 里创建一个新文件（然后在解释器里运行）之间的重要区别。输入解释
器里的内容并不会被保存起来。所以，如果想要创建一个以后也可使用的程
序，你需要在 IDLE 里创建一个新文件，并在关闭 IDLE 之前保存这个程序。

要在 IDLE 里创建一个新文件，请单击 **File** 菜单，然后单击 **New File**。
要保存这个新文件，可以通过单击 **File** 菜单，然后单击 **Save As**。弹出保存
对话框后，你就可以把这个文件保存到计算机里一个你能记得的位置了，同
时把这个文件命名为与文件里的程序相关的名称。需要注意的是，在对话框
中，**Save as type** 一定得是 Python 文件。这样做的好处是会使用 Python
的扩展名 .py 来保存文件。这个扩展名会告诉计算机它是一个 Python 文件，

因此这个文件里的程序只能用 Python 编程语言来运行。为文件命名后，单击 **Save** 按钮。

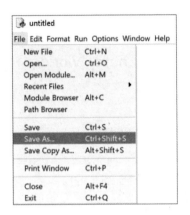

　　要运行在文件里的程序，请单击 **Run** 菜单，然后选择 **Run Module**。每次执行运行模块时，IDLE 都会检查并确保文件已被保存。你也可以使用快捷键 **Ctrl + S** 或 **command + S** 来保存文件。接下来，我们在 IDLE 里创建一个新文件，并将其命名为 hello_world.py。

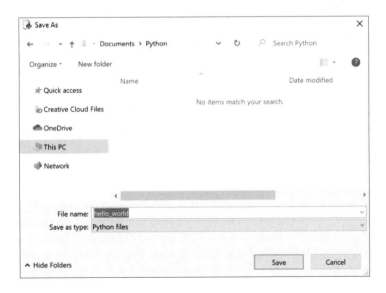

在文件的第一行，输入 print('Hello World!')，然后保存文件。

```
print('Hello World!')
```

单击 **Run** 菜单，然后选择 **Run Module**。这时，在你启动 IDLE 时，解释器窗口就会打开，并会运行 **hello_ world.py** 文件里的代码。

```
Hello World!
```

如果你之前不小心关掉了解释器窗口，那么在选择 **Run Module** 后，一个全新的解释器窗口将会打开，并会运行文件里的程序。

对于本书里的所有项目，你都需要创建一个全新的文件。如果你忘记了如何在 IDLE 里创建并运行文件，请回到本章进行复习。

除了输出一句话，我们还可以通过解释器和 Python 代码来完成更多的事情。现在，既然你已经了解了如何在 IDLE 里编写和运行 Python 代码，就让我们来一睹 Python 编码的魅力吧！

第**4**章

第 章

变量

你 最喜欢什么颜色？如果你还能记得第 3 章里的内容，就知道可以通过 print() 来让 IDLE 输出任何想要的句子。要不要试试在解释器里输出你 最喜欢的颜色？就像下面这样：

```
>>> print('blue')
blue
```

接下来，如果要你把最喜欢的颜色连续输出 5 次，该怎么做呢？一种办法是创建 5 条包含你最喜欢的颜色的print()语句。虽然这样做能够完成需求，但是这样一遍又一遍地输入自己最喜欢的颜色，你可能会觉得非常无聊，甚至可能会拼错单词。

如果要把你最喜欢的颜色输出 20 次，甚至 100 次呢？不断输入相同的代码行当然也是可以完成这个需求的，但是我们还有一种更好的方法，可以在代码里重复使用相同的单词或者一段相同的短语。

什么是变量

变量（variable）是一个用来代表某个值的名称。所代表的这个值既可以是一个数字，也可以是一段文本（字符串，string）。

$$variable = value$$

在创建变量时，你需要选择唯一的、特定的且和值相关的名称，而且这个名称不能以数字或特殊字符作为开头。同时，这个名称应该避免使用那些已经在 Python 中提供功能的关键字。如果你要想知道 Python 的关键字有哪些的话，可以访问 Python 官方网站。

下面列出的是一些可以用来当作变量名的例子。变量名既可以是一个单词，也可以是包含下划线的组合单词。你也可以创建一个除第二个单词首字母之外的其他字母都大写的变量名，这种命名方法被称为驼峰式命名法（camelCasing）。

age　　city_names　　booksOwned

在为变量确定好名称后，你就可以将数字或字符串作为值分配给这个变量了。如果你要为变量分配的值是字符串，就需要像在输出字符串时一样把这个字符串用引号包起来。引号既可以用双引号（" "），也可以用单引号（' '），但是不能混用。

刚才我们提到了你最喜欢的颜色，你也可以创建一个变量，然后把你最喜欢的颜色作为值分配给这个变量。

```
>>> color = 'blue'
```

如果想让变量名更清晰地表达它所包含的值的意思，你也可以把变量名改为 favourite_color。如果创建的变量名由多个单词组成，那么你可以用下划线把它们隔开。

```
>>> favorite_color = 'blue'
```

现在，你已经知道如何把一个字符串分配给变量，那么，如何才能把数字分配给变量呢？原理基本相同，区别在于你并不总是需要用引号把数字包起来。要不要在数字的前后加上引号取决于你想怎么处理这个数字。接下来，我们以数字作为例子，创建一个代表你年龄的变量。

```
>>> age = 13
```

那么，如何使用一个变量呢？随着编程技能的提开，你会发现在一个程序里需要编写很多行代码。通常来说，你需要重复使用一些相同的值，只要把这个值分配给（或存放到）一个变量名，就能让你在代码的不同地方重用这个值。当然，这还需要保证在所有位置都是以相同的方式拼写这个变量名称，否则 Python 会认为你使用的是完全不同的另一个变量。

例如，如果在程序代码里有多个位置用到了你最喜欢的颜色，那么使用这个变量值就可以为你节省空间和输入时间。每当你想要引用自己最喜欢的颜色时，你都可以用 favorite_color 变量来代表它。

小测验

> **下面哪个变量名称不能被用在 Python 中?**
>
> **A.** mydogsname **B.** !_best_friends
> **C.** car **D.** vacationCity

输出变量

你可以通过 print() 语句来获取变量的值。只不过这时并不是在 print()
语句里输入字符串,而是用变量名来代替字符串,然后按 Enter 键即可。

```
>>> print(favorite_color)
blue
```

解释器会记住你之前分配给 favorite_color 变量的颜色。想把你最喜欢的
颜色输出 20 次,甚至 100 次吗? 把 print() 语句改为 print(favorite_color * 20)
即可。这个语法会把变量输出的次数乘以 20。

```
>>> print(favorite_color * 20)
blueblueblueblueblueblueblueblueblueblueblueblueblueblue
blueblueblueblueblueblueblue
```

print() 语句不光能用来输出字符串,还能用来输出数字。请试着在
IDLE 中输出你的年龄吧!

```
>>> print(age)
13
```

 小测验

内奥米（Naomi）正在创建一个含有她最喜欢的电影信息的 Python 程序，并希望能在这段程序里存放电影名称、发行年份、评级和对电影的简要描述。她在程序里创建了下面这些变量。

```
movie_title = Toy Story 4
year = 2019
rating = '4/5'
description = 'Woody, Buzz Lightyear, and the rest
of the gang embark on a road trip with Bonnie and a
new toy named Forky. The adventurous journey turns
into an unexpected reunion as a slight detour leads
Woody to his long-lost friend Bo Peep. As Woody and
Bo discuss the old days, they soon start to realize
that they are worlds apart when it comes to what
they want from life as a toy."
```

内奥米想要输出 movie_title 变量的值，但是那条赋值的语句是错误的。下面哪个选项能够正确地把电影标题《玩具总动员 4》（*Toy Story 4*）分配给 movie_title 变量呢？

A. movie_title = "玩具总动员 " 4

B. movie_title = "玩具总动员 4'

C. movie_title = '玩具总动员 4'

D. movie_title = '玩具' '总动员' '4'

当内奥米尝试输出 description 变量时，她得到的是一条错误提示信息。那么 description 变量有什么问题呢？

A. 变量名拼写错误　　　　B. 字符串过长

C. 没有错误　　　　　　　D. 字符串被一个单引号和一个双引号括起来

修改变量

你可以在代码里无限次地使用变量，但是该怎样去修改一个变量的值呢？通过把值分配给变量，你就可以更新一个变量的值。当你编写包含多行代码的程序时，修改变量值会非常方便！

如果你不喜欢蓝色了，而是喜欢上了另一种颜色，那么可以把这种新颜色分配给 favourite_color 变量，从而修改 favourite_color 的值。

```
>>> favorite_color = 'pink'
```

这时，如果输出 favourite_color，那么在 IDLE 里输出的会是它的新值。

```
>>> print(favorite_color)
pink
```

▶ 小测验

哈里森（Harrison）每年都会环游世界，去拜访他住在不同地方的朋友，同时体验当地的文化。他通过 Python 程序里的 current_location 变量记录自己所在的地点。现在他在意大利，接下来会前往纽约。由于哈里森到了一个新的地方，他想用新地点来更新 current_location 变量。

```
current_location = 'Italy'
current_location = 'New York'
```

如果这时哈里森想要输出 current_location 变量，那么什么地点会被输出呢？

A. New York   B. Italy

C. New York 和 Italy   D. None

项目：认识你的同学们

项目描述

度过了一个漫长而充满欢乐的暑假，你该返校了！开学第一天，老师让同学们互相做自我介绍。

在这个暑假里，除了游泳和旅游，你还学习了一种新的编程语言——Python！

为了展示自己的新技能，你打算创建一个可以让同学们做自我介绍的Python 程序。

接下来，让我们一起来实现吧！

步骤

1. 在 IDLE 里创建一个新文件

在开始编码之前，请打开 IDLE 并创建一个新文件，并将其命名为**introduction_app.py**。注意，在文件名里添加 .py 扩展名，可以让计算机知道你正在创建的是一个 Python 文件。

2. 决定提出的问题

关于新同学，你想知道些什么呢？想一些你感兴趣的问题吧！下面我们会给出一些例子。

- 你叫什么名字？
- 你最喜欢什么颜色？
- 你最喜欢吃什么？
- 你最喜欢的电视节目是什么？

3. 输出介绍和说明

当 Python 程序启动时，你想先向同学们问好。要做到这一点，只需把

print() 语句添加到程序的第一行，并把问候语作为字符串插入代码即可。

```
print('Welcome back to school! Answer these 4 questions to
introduce yourself!')
```

注意，一定要向上面这样用引号把问候语括起来。

4. 创建变量

接下来，你需要把同学的回答存到一个变量中，进而可以在之后加以输出。让我们先为问题——**What is your name?**——创建一个变量吧。

我们可以用 input() 语句提出问题，并把答案存放到变量里。在运行 Python 程序时，放置在 input() 语句里的问题将显示在解释器窗口中。一个不断闪烁的文本光标会出现在问题的后面，用来提示你需要输入回复信息。

因此，我们可以在程序的下一行代码里创建一个变量名，然后把问题 **What is your name?** 放在括号里。因为我们的问题是一个字符串，所以一定要用引号把它括起来。

```
name = input('What is your name? ')
```

你发现问号之后还有一个空格了吗？这是为了在问题和答案之间隔开一点距离。

5. 测试代码

在编写一个新的 Python 程序时，你应该在编写过程中不断测试代码，以确保程序正常运行。越早测试代码，越容易发现错误，也就越容易修复程序里的错误。

在运行程序之前，请在代码里添加如下一条 print() 语句，以便让解释器输出 name 变量的值。

```
print(name)
```

好了，现在请保存程序并加以运行！在解释器窗口中，你会先看到打招呼的问候语，然后会看到 "What is your name?" 这个问题。看到问题后面有一个闪烁的文本光标了吗？如果看到了，就表明一切正常！接下来，请输入你的姓名并按 Enter 键来回答这个问题吧！

```
Welcome back to school! Answer these 4 questions to
introduce yourself!
What is your name? April
April
```

程序会输出你的名字以响应 Enter 键操作！如果你在测试程序时收到了错误提示信息，请检查 **introduce_app.py** 文件，并确保输入的代码都是正确的。

6. 添加更多的问题

在确认 Python 程序一切运行正常之后，你就可以通过重复"创建一个变量"步骤里的操作来添加其他的问题了。下面是用来创建其他变量的问题。

- 你最喜欢什么颜色？
- 你最喜欢吃什么？
- 你最喜欢的电视节目是什么？

请记得在添加新问题之后测试你的程序。编写完整个程序，代码应该如下面所示的这样：

```
print('Welcome back to school! Answer these 4 questions
to introduce yourself!')

name = input('What is your name? ')
print(name)

favorite_color = input('What is your favorite color? ')
print(favorite_color)

favorite_food = input('What is your favorite food? ')
print(favorite_food)
```

```
favorite_tv_show = input('What is your favorite TV
show? ')
print(favorite_tv_show)
```

7. 输出结果

　　现在，这个 Python 程序包含了所有问题。接下来，你还需要一个能够在程序里把答案复述出来的语句。要做到这一点，你可以用字符串格式化（string formatting）方法来完成。我们将在第 6 章介绍更多关于字符串格式化的知识。但就目前来说，你只需知道字符串格式化是一种方便、快捷的把变量值插入句子里的方法即可。字符串格式化的代码如下所示。

f'This is a sentence {variable}.'

　　接下来，请在 Python 程序里的最后一条 print() 语句之后输入下面这段代码，并确保完全一致！如果在这个项目里，你用的是自己的问题和变量，那么请把变量名替换为相应的变量吧！

```
print(f"Everyone, meet {name}! {name}'s favorite
color is {favorite_color}. {name}'s favorite food
is {favorite_food}. {name}'s favorite TV show is
{favorite_tv_show}.")
```

　　一切都准备好了！让我们保存并运行这个 Python 程序吧！在答完屏幕上出现的所有问题之后，解释器窗口应该像下面所示的这样。

```
Welcome back to school! Answer these 4 questions to
introduce yourself!
What is your name? April
April
What is your favorite color? green
green
What is your favorite food? pizza
pizza
```

```
What is your favorite TV show? Steven Universe
Steven Universe
Everyone, meet April! April's favorite color is green.
April's favorite food is pizza. April's favorite TV
show is Steven Universe.
```

如果你的程序也是这么输出的，那么恭喜你完成了自己第一个完整的 Python 应用程序！在关闭 Python 并把程序分享给其他人之前，你还应返回该程序并添加一些有用的、可以解释代码的注释，而且要把用来测试程序的 print() 语句注释掉。在 Python 中，你可以用键盘上的 # 键来创建注释。Python 程序里的注释不会在运行时输出。

下面是一个 **introduction_app.py** 完整程序的示例：

```python
# This app will ask classmates their name and a few questions about themselves.
# Afterward, the app will share the answers given by the classmates.

# Greeting
print('Welcome back to school! Answer these 4 questions to
introduce yourself!')

# Question 1
name = input('What is your name? ')
print(name)

# Question 2
favorite_color = input('What is your favorite color? ')
print(favorite_color)

# Question 3
favorite_food = input('What is your favorite food? ')
print(favorite_food)

# Question 4
favorite_tv_show = input('What is your favorite TV show? ')
```

```
print(favorite_tv_show)

print(f"Everyone, meet {name}! {name}'s favorite color is
{favorite_color}. {name}'s favorite food is {favorite_food}.
{name}'s favorite TV show is {favorite_tv_show}.")
```

第5章

数字

计算机，顾名思义，是被造出来执行数学运算的机器。作为一种编程语言，Python 的一项核心功能就是执行计算！Python 内置了一些功能，从而可以让它能够执行简单与复杂的数学方程式。你还会发现数字在 Python 程序里的其他用途，例如，获得用户输入的数字，或根据数字的值确定程序应该采取的操作。

数值类型

在通过 Python 求解数学方程式之前，你应该先了解两种数字类型：整型（int）和浮点型（float）。

整型

整型（int，integer 的缩写）表示一个不包含小数的整数。因此，整型可以是正数、负数或者零。以下是整型示例。

3200　　　–84　　　2　　197

浮点型

浮点型（float）是指包含小数点的数字。和整型类似，浮点型也可以是正数、负数或零。以下是浮点型示例。

7.0　　9.38　　16.001　　–35.2

对于任何数字，type() 函数都会告诉你它是 int 还是 float 类型的。

type(object)

让我们在 IDLE 里使用 type() 函数来查看下面这些数字的类型吧！

```
>>>type(37)
<class 'int'>
>>>type(4.2)
<class 'float'>
>>>type(98.321)
<class 'float'>
```

在 Python 中，type() 函数也可以用来获取任意一个对象的类型，相关内容参见后续章节。

你还可以通过把数字从一种类型转换为另一种类型来改变其类型。这个过程叫作类型转换（type conversion）。类型转换的代码如下所示。

int(float)

float(integer)

如果要把 int 类型的数字转换为 float 类型，就应该把 int 类型变量的值传递到括号里。类似地，如果要把 float 类型的数字转换为 int 类型，就应该把 float 类型变量的值传递到括号里。将两个 float 类型变量的总和转换为 int 类型的示例代码如下：

```
>>> sum = 3.4 + 2.7
>>> print(sum)
6.1
>>> type(sum)
<class 'float'>
>>> sum = int(sum)
>>> print(sum)
6
>>> type(sum)
<class 'int'>
```

在上面这个示例里，sum 变量被赋值为"3.4 + 2.7"。其和为 6.1，因为该数字包含小数，所以是 float 类型。通过类型转换，你可以对这个变量重新赋值，将其转换为 int 类型。此后再去获取 sum 的类型时，你就会看到 sum 的类型已经转换为 int 类型了。除此之外，当你输出 sum 时，小数点及其后面的值也都消失了！

算术运算符

和计算器一样，你可以在 Python 中用算术运算执行计算。通常来说，除非你希望按照特定的类型输出结果，否则并不需要转换数字的类型。不管是什么数值类型，Python 都会执行计算。但是，计算结果的类型可能会和你预期的不一样。在 Python 中使用算术运算符时，请牢记下面这些准则。

任何包含不同类型（int 和 float）的运算都会得到一个 float 类型的值。

```
>>> type(40 + 2.5)
<class 'float'>
```

int 类型之间的加法、减法或乘法运算会得到一个 int 类型的值。

```
>>> type(2 + 2)
<class 'int'>
>>> type(2 - 2)
<class 'int'>
>>> type(2 * 2)
<class 'int'>
```

int 类型之间的除法，会得到一个 float 类型的值。

```
>>> type(2 / 2)
<class 'float'>
```

Python 在处理同时使用 int 和 float 的情况时是非常灵活的！ float 类型始终可以用来表示任何 int 类型所能表示的值——但是反过来就不行了。因此，当 Python 不能确定数字的类型时，它的类型就会自动变为 float 类型，这也就是整数除法的结果类型是 float 类型的原因。

运算顺序

方程式并非都是一样的！如果我们在一个方程式里使用多个数字和算术运算符的话，会发生什么呢？像代数那样，Python 会遵循缩写为 PEMDAS 的运算顺序[1]。

当你要计算包含多于两个数值的方程式时，Python 会根据 PEMDAS 规则决定先计算哪些值。Python 也会按照从左到右的顺序进行计算，直至得到最终的计算结果[2]。

```
>>> 5 * (3**2 + 5) - 8/2
66.0
```

让我们完完整整地分解上面这个例子里的方程式，具体步骤如下。

1. 检查括号

这个方程式里只有一对括号。在这对括号里，需要计算的是 3 ** 2 + 5 的值。括号内有多个数学运算符，因此 Python 会根据 PEMDAS 规则决定计算的优先顺序。** 表示的是指数运算，因此 Python 会先计算 3 ** 2。接下来，Python 会把计算结果 9 加上 5。于是，在 Python 完成括号内的计算之后，原始方程式变成了 5 *(14)- 8 / 2。

---

1 译者注：中文地区一般以"先乘除后加减"作为口诀，但不包含括号和指数。

2 译者注：和代数一样，乘法和除法应该是相同的优先级；加法和减法也是相同的优先级。当出现相同优先级的计算时，应当从左往右进行计算。例如，8/2*3应该等于4*3，也就是12；8-2+3应该等于6+3，也就是9。

2. 检查指数

此时的方程式里已经没有其他指数运算符了，因此 Python 不会再执行任何指数计算。

3. 检查乘法

接下来，Python 会检查到方程式里有乘法运算符。方程式里有一个运算 5 * (14)。在 Python 完成这个计算之后，方程式就变成了 70 − 8 / 2。

4. 检查除法

我们来看看现在的方程式里还有什么运算符。Python 会去完成右侧的除法计算 8 / 2，于是方程式就变成了 70 − 4.0。

5. 检查加法

接下来，Python 会检查方程式里是否有加法运算符。此时的方程式里并没有加法运算符，因此 Python 不会执行任何加法计算。

6. 检查减法

此时的方程式里只剩下了减法运算符。Python 会计算 70 − 4.0，结果为 66.0。

你也可以使用变量来代替数字执行计算，如下所示。

```
>>> cakes = 12
>>> pies = 4
>>> desserts = cakes + pies
>>> print(desserts)
16
```

请先在纸上计算小测验里的方程式，然后再把答案和在 IDLE 里输入方程式的结果加以比较。我们已经给出了每个方程式的 Python 语法。

小测验

1. $(2 \times 3) + 7^2$

   Python: (2 * 3) + 7**2

2. $72 \div 8$

   Python: 72 / 8

3. $3^3 \div 2 + 3^2$

   Python: 3**3 / 2 + 3**2

4. $(5+10) + (9 \times 5) - 12$

   Python: (5 + 10) + (9 * 5) −12

项目：采购科学博览会用品

项目描述

今日上课期间，科学老师宣布了即将举行科学博览会的消息。为此，亚历克斯（Alex）决定做一个关于音乐是如何影响植物生长的实验。放学后，母亲带她到商店里采购所需的用品。亚历克斯只有 25 美元的预算，在商店里逛了一圈之后，她发现了一些花盆（单位：个）、花种（单位：包）及土壤（单位：袋），并想用方程式来确定在预算范围内可以购买每样商品的数量。这些商品的价格如下。

- 花盆：4 美元 / 个。
- 花种：1 美元 / 包。
- 土壤：5 美元 / 袋。

请用变量和方程式来创建一个程序，帮助亚历克斯了解 25 美元的预算可以购买多少商品。注意，对于放进亚历克斯购物车里的商品，你都要额外加收 6% 的销售税。

步骤

实现上述项目的具体步骤如下。

1. 打开 IDLE

在开始编码之前，请打开 IDLE 并创建一个新文件，并将其命名为
shopping_cart.py。

2. 创建购物商品数量变量

为了让亚历克斯可以灵活地尝试每种商品的不同数量，你可以用
input() 语句来让她输入不同商品的数量。这些数量会被分配给商品所对
应的变量，而这些变量的值会在之后计算亚历克斯购物车里商品的总价时
用到。

需要注意的是，亚历克斯输入的值应该为整型，这样在对它们和程序里
定义的其他数值进行计算时会更方便。如果你没有把亚历克斯的输入转换为
整型的话，那么这些值的默认类型会是 str，这是字符串（string）的缩写，
即字符串型。

```
flowerpot = int(input('How many flowerpots? '))
flower_seeds = int(input('How many packs of flower seeds? '))
soil = int(input('How many bags of soil? '))
```

3. 创建购物商品价格变量

接下来，我们还需要创建代表每个商品价格的变量，并且把价格分配给
这些变量。

```
flowerpot_price = 4.00
flower_seeds_price = 1.00
soil_price = 5.00
```

4. 创建消费税变量

由于亚历克斯购买的商品会有 6% 的消费税，因此你可以创建一个名为

tax_rate 的变量，并赋值为 0.06，如下所示。你可以用除法来把税率从百分数转换为小数，即 6÷100，也就是 0.06。

```
tax_rate = 0.06
```

5. 计算商品价格

我们可以使用前面步骤里创建的变量创建一个用来计算亚历克斯购物车里所有商品的总价的方程式。把每个商品的总价加起来，就可以得到所有商品的总价了，如下所示。

```
cost_of_items = (flowerpot * flowerpot_price) + (flower_
seeds * flower_seeds_price) + (soil * soil_price)
```

你可以通过输出 cost_of_items 变量来对程序加以测试。在程序运行时，解释器会要求你输入花盆、花种和土壤的数量，然后由这个程序输出所有商品的总价。

```
print(cost_of_items)
```

测试完程序后，你还需要加上消费税，才能得到亚历克斯购买商品的税后总价。也就是说，用 cost_of_items 的值乘以 tax_rate，再加上 cost_of_items。

```
total_cost = (cost_of_items * tax_rate) + cost_of_items
```

最后，用下面所示的语句输出在亚历克斯购物车里所有商品的税后总价。

```
print(total_cost)
```

请再检查一遍代码，以确保所有计算是正确的。如果都正确的话，那么请保存程序，然后输入花盆、花种和土壤的数量，就可以运行程序了。

下面是 **shopping_cart.py** 的完整程序示例。

```python
# Ask the user to provide the quantity of the shopping item
flowerpot = int(input('How many flowerpots? '))
flower_seeds = int(input('How many packs of flower
seeds? '))
soil = int(input('How many bags of soil? '))

# Cost of each shopping item
flowerpot_price = 4.00
flower_seeds_price = 1.00
soil_price = 5.00

# Sales tax
tax_rate = 0.06

# calculate the cost of items
cost_of_items = (flowerpot * flowerpot_price) + (flower_
seeds * flower_seeds_price) + (soil * soil_price)

# Calculate the cost of items plus tax
total_cost = (cost_of_items * tax_rate) + cost_of_items

print(total_cost)
```

第**6**章

字符串

在讲话时，我们通常会用单词组成句子。如果我们想要在 Python 中使用单词和句子，就必须先创建一个字符串（string）。你可以将字符串当作变量值，也可以用它来输出单词或短语。在 Python 中，你还可以对字符串进行操作！

创建字符串

在 Python 中，字符串是用来构成单词或句子的一组字符。字符串可以用单引号或双引号括起来。

'word'

'A sentence.'

运行 Python 程序后，你可以用 print() 语句来查看字符串的值。

```
>>> name = 'Monty'
>>> print(name)
Monty
```

如果要输入很长的字符串，为了能在程序里更容易地阅读它，可以把这个字符串分成多行，这就是换行（line break）。在 IDLE 里，你可以在字符串前后用三引号（"""）来创建一个多行的字符串。在 IDLE 里，你可以通过按 Ctrl + J（Windows 系统）或 control + J（macOS 系统）组合键来生成新的一行。

```
>>> story = """Once upon a time in
a galaxy far far away was a coder
who loved nothing more than to code in Python!"""
>>> print(story)
Once upon a time in
a galaxy far far away was a coder
who loved nothing more than to code in Python!
```

转义字符

如果你编写的字符串里有单引号，那么可以考虑用双引号把字符串括起来。类似地，如果你编写的字符串里有双引号，那么可以考虑用单引号把字符串括起来。

```
>>> advice = "You shouldn't eat candy for dinner."
>>> print(advice)
You shouldn't eat candy for dinner.
>>> book = 'My favorite book is "Where the Red Fern
Grows" by Wilson Rawls.'
>>> print(book)
My favorite book is "Where the Red Fern Grows" by
Wilson Rawls.
```

但是，如果要编写同时包含单引号和双引号的字符串，应该怎么办呢？这种情况下，Python 会要求你使用转义字符（escape character）。通过转义字符，你可以在同一个字符串里同时使用单引号和和双引号。转义字符由一个反斜杠和要使用的字符组成。

```
>>> feedback = 'The teacher said "You shouldn\'t quit!
Keep trying!"'
>>> print(feedback)
The teacher said "You shouldn't quit! Keep trying!"
```

如果想把字符串的一部分显示在新行里，那么可以使用转义字符 \n 来实现，这个转义字符用来在字符串里创建一个新行。

```
>>> quote = 'Dream it.\nWish it.\nDo it.'
>>> print(quote)
Dream it.
Wish it.
Do it.
```

字符串方法

在 Python 程序运行时，你可以通过字符串方法（string method）来改变字符串的显示方式。字符串方法是字符串对象的一组内置功能，可以用来执行与字符串相关的操作。字符串方法总是会创建一个新值，而绝对不会去修改原始字符串。

虽然 Python 中有 60 多个字符串方法，但是本书仅介绍那些会在小测验和项目里用到的字符串方法。如果你想要查看 Python 中所有的字符串方法，请访问 Python 官方网站。

capitalize()

capitalize() 方法会把字符串里的第一个字符显示为大写。这个方法在修改代名词（如人名）的时候非常有用。

```
>>> name = 'bridget'
>>> print(name.capitalize())
Bridget
```

title()

title() 方法会把字符串里每个单词的首字符显示为大写。这个方法可以用来修改图书或歌曲的标题。

```
>>> book = 'bite-size python'
>>> print(book.title())
Bite-Size Python
```

strip()

如果给定的字符串里有很多不必要的字符（如 #、$、%等）或空格，那么可以使用 strip() 方法把这些特殊字符从字符串里删除。

```
>>> mood = '!!!happy!!!!'
>>> print(mood.strip('!'))
happy
```

只要把括号内的参数设置为空，就可以删除字符串前后多余的空格[1]。

```
>>> season = ' Summer'
>>> print(season.strip())
Summer
```

lower()

lower() 方法会把字符串里的所有字符转换为小写。

```
>>> whisper = 'DO YOU WANT TO HEAR A SECRET?'
>>> print(whisper.lower())
do you want to hear a secret?
```

upper()

类似地，要把所有字符都转换为大写，可以使用 upper() 方法实现。

```
>>> yell = "today's the greatest day ever!"
>>> print(yell.upper())
TODAY'S THE GREATEST DAY EVER!
```

replace()

replace() 方法会把选定的字符替换为其他的字符。选定的字符和替换字符被称为参数（arguments）。第一个参数是想要被替换的字符，第二个参数是用来进行替换的字符。

```
>>> opinion = 'Learning Python is hard!'
>>> print(opinion.replace('hard', 'fun'))
Learning Python is fun!
```

---

1 译者注：原文为"就可以删除掉字符串开头多余的空格。"，但是strip()方法可以删除前后所有的空格。测试代码len(' abc '.strip())的结果是3。

len()

len() 函数会计算并返回字符串里的字符总数。

```
>>> state = 'Mississippi'
>>> print(len(state))
11
```

 小测验

> 　　哈维尔（Javier）整理了他最喜欢的 50 首不同时代的歌曲清单。但是，他是从互联网上通过复制并粘贴的方式得到这些歌曲的的标题的，因此标题的格式是各种各样的。有些标题是全部大写的，有些则是全部小写的。哈维尔希望能够把歌曲清单里的标题格式统一，也就是让歌曲标题里每个单词的首字母大写。哈维尔应该使用下面哪个字符串方法呢？
>
> **A.** capitalize()　　**B.** upper()　　**C.** replace()　　**D.** title()

串联

　　就像把数字连在一起那样，你也可以使用 "+" 运算符来把字符串组合起来。把几个字符串组合成一个字符串的操作称为串联（concatenation）。

```
>>> animal_first_half = 'mon'
>>> animal_second_half = 'key'
>>> print(animal_first_half + animal_second_half)
monkey
```

　　需要注意的是，当你把两个字符串组合在一起时，Python 并不会自动在它们中间加上空格。想在两个字符串之间添加空格的话，需要在代码里进行添加。

```
>>> summer_hobby = 'I like to go swimming'
>>> winter_hobby = 'and snowboarding.'
>>> print(summer_hobby + ' ' + winter_hobby)
I like to go swimming and snowboarding.
```

转换

Python 并不允许把字符串和整型变量串联在一起，也不允许把字符串和浮点型变量串联在一起。

字符串的类型是 str。你可以用 type() 函数来查看字符串变量的类型。

```
>>> city = 'Los Angeles'
>>> print(type(city))
<class 'str'>
```

可以看到，在 IDLE 里查看字符串变量的类型，会返回字符串的类型 str。而如果你尝试把一个 str 变量和 int 变量相串联，那么 Python 就会提示错误，指出你只能串联两个 str 变量。

```
>>> city = 'Los Angeles'
>>> state = 'CA'
>>> zip_code = 90028
>>> location = city + ', ' + state + ' ' + zip_code
Traceback (most recent call last):
  File "<pyshell#67>", line 1, in <module>
    location = city + ', ' + state + ' ' + zip_code
TypeError: can only concatenate str (not "int") to str
```

但是，你可以通过类型转换把一个 int 变量从 int 类型改变为 str 类型，这样就可以把它们串联在一起了。

```
>>> city = 'Los Angeles'
>>> state = 'CA'
>>> zip_code = 90028
>>> location = city + ', ' + state + ' ' + str(zip_
code)
>>> print(location)
Los Angeles, CA 90028
```

对于 float 或 int 类型的变量，调用 str() 函数会把它们的值改变为 str 类型。但是，请记住，这种变化只适用于输出，并不会修改变量原本的类型。

字符串格式化

如果你已经为若干个变量分配了值，并且想要在新句子里能够使用这些变量的值，那么可以通过格式化字符串（format strings）以及 f 语法来实现。Python 还提供了其他的方法来格式化字符串，但 f 语法是这些方法里最简单的，如下所示。

f"This is a sentence {variable}."

通过 f 语法格式化字符串时，使用小写的 f 或是大写的 F 都可以。f 语法会告诉 Python，它后面紧跟的字符串会通过花括号来引用变量。在把变量嵌入句子时，要确保它和程序里你所创建的变量名称是完全相同的。

```
>>> dog_breed = 'poodle'
>>> name = 'Lola'
>>> age = 3
>>> print(f'I have a pet {dog_breed}. Her name is {name}. She
is {age}.')
I have a pet poodle. Her name is Lola. She is 3.
```

当使用格式化字符串时，Python 会自动将（int 或 float 类型的）数字转换为字符串。

索引

你应该已经在学校里学习了从数字 1 开始进行计数。然而，Python 是从数字 0 开始进行计数的！字符串里的每个字符都被分配了一个位置，这个位置也叫作索引（index），用来指示字符在字符串里的位置，如下所示。

```
P  y  t  h  o  n
|  |  |  |  |  |
0  1  2  3  4  5
```

在上面的这个例子里，字母 P 的索引是 0，字母 n 的索引是 5。在字符串里，虽然你可以通过一个一个地数字符来知道它们的位置，但是在 Python 中通常会用 find() 方法来节省查找时间。

variable.find('string')

find() 方法会返回字符首次出现在字符串里的索引。你可以使用 find() 方法来查找一个或一组字符的索引。如果字符不在字符串里，Python 则会返回 −1。

```
>>> month = 'January'
>>> print(month.find('u'))
3
```

你可以通过方括号来获得位于特定索引处的字符。

variable[index]

```
>>> car = 'Mercedes'
>>> print(car[2])
r
```

你也可以用负值从字符串的末尾开始计算索引。当方括号里的值是负数时，Python 会从最后一个字符（索引为 –1）开始向前计数。

```
>>> car = 'Mercedes'
>>> print(car[-2])
e
```

如果想要返回多个字符，那么可以通过切片来返回一定范围里的字符。切片会让你指定两个索引：①从哪里开始寻找字符；②从哪里停止寻找字符。

variable[start:stop]

但是，切片操作有一点需要特别注意: Python 是从第一个索引处开始的，但是在第二个索引处停止的时候并不会包含这里的字符。

```
>>> fruit = 'orange'
>>> print(fruit[1:4])
ran
```

要是想通过切片获得起始索引之后的所有字符，请把第二个索引设置为空。

```
>>> fruit = 'orange'
>>> print(fruit[2:])
ange
```

类似地，你可以通过将第一个索引设置为空来获得停止索引之前的所有字符。

```
>>> fruit = 'orange'
>>> print(fruit[:4])
oran
```

你也可以用负值从字符串末尾进行切片操作。

```
>>> fruit = 'orange'
>>> print(fruit[:-1])
orang
```

你还可以在进行切片操作的同时使用正值和负值。比如，可以通过 [1:-1] 来获得字符串的第一个字符和最后一个字符之间的所有字符。在这种情况下，使用负数索引的优势在于，你并不需知道字符串的长度就可以得到两个索引之间的所有字符。

```
>>> fruit = 'orange'
>>> print(fruit[1:-1])
rang
```

项目：疯狂填词生成器

项目描述

疯狂填词（Mad Libs）是一款要求玩家提供一系列单词，然后用这些单词来创建故事的游戏。这些故事通常很蠢，这是因为玩家们并不知道他们选的单词会被用在哪里！让我们来创建一个疯狂填词生成器吧，使这个程序能够提示你提供名词、形容词、动词以及特定类型的单词。在完成所有要求后，生成器会把这些提供的单词插入一个故事模板里来创作故事。

步骤

实现上述项目的具体步骤如下。

1. 打开 IDLE

在开始编码之前，请打开 IDLE 并创建一个新文件，并将其命名为 **mad_libs.py**。

2. 为单词创建提示

我们在这个项目的后面部分提供了生成器的故事模板。为了能够完整地生成故事，你需要输入 6 个不同的单词。生成器在启动时将会提示你输入下面 6 个单词。

- 形容词。
- 户外运动的名称。
- 形容词。
- 朋友的名字。
- 动词[1]。
- 形容词。

你可以为请求的每个单词创建一个变量来开始这个项目。这里需要注意的是，生成器需要 3 个不同的形容词来描述故事。因此，你需要为每个形容词分别创建一个单独的变量。你可以用 input() 函数来提示用户进行回应，并把结果存放到变量中。

```
adjective1 = input('Enter an adjective: ')
game = input('Enter the name of an outdoor game: ')
adjective2 = input('Enter another adjective: ')
friend = input('Enter the name of a friend: ')
verb = input('Enter a verb ending in ing: ')
adjective3 = input('Enter one more adjective: ')
```

3. 格式化输入的单词

在生成器里并没有要求任何人必须以某种格式进行输入的逻辑，因此你可以使用字符串方法来改变这些单词在故事里的显示方式。

朋友的名字所对应的值应该是首字母大写的，而其他的单词可以全部小写。

于是你可以通过使用相应的字符串方法来修改每个单词的输入格式。

```
adjective1 = input('Enter an adjective: ').lower()
game = input('Enter the name of an outdoor game: ').lower()
```

---

1 译者注：原文直译为以 ing 结尾的动词，也可以译为"动名词"。

```
adjective2 = input('Enter another adjective: ').lower()
friend = input('Enter the name of a friend: ').capitalize()
verb = input('Enter a verb ending in ing: ').lower()
adjective3 = input('Enter one more adjective: ').lower()
```

为了确保生成器能正常工作，你可以依次把每个变量传递到 print() 语句里来测试生成器。在进行下一步之前，请先测试一下吧。

4. 创建故事模板

下面这个故事模板描述了你和朋友们在海滩上度过的一天，请把这个故事模板复制到 IDLE 里，并将其保存在 story 变量里。

```
story = 'It was a ADJECTIVE 1 summer day at the beach.
My friends and I were in the water playing GAME. As a
ADJECTIVE 2 wave came closer, my friend NAME OF A FRIEND
yelled, "Look! There\'s a jellyfish VERB ENDING IN ING!" As
we got closer, we saw that the jellyfish was indeed VERB
ENDING IN ING! NAME OF A FRIEND ran out of the water and
onto the sand. NAME OF A FRIEND was afraid of VERB ENDING
IN ING jellyfish. The rest of us stayed in the water playing
GAME because VERB ENDING IN ING jellyfish are ADJECTIVE 3.'
```

接下来，请用字符串格式化的 f 语法把全大写的单词都替换为变量。

```
story = (f'It was a {adjective1} summer day at the beach.
My friends and I were in the water playing {game}. As a
{adjective2} wave came closer, my friend {friend} yelled,
"Look! There\'s a jellyfish {verb}!" As we got closer, we
saw that the jellyfish was indeed {verb}! {friend} ran out
of the water and onto the sand. {friend} was afraid of
{verb} jellyfish. The rest of us stayed in the water playing
{game} because {verb} jellyfish are {adjective3}.')
```

5. 玩游戏

是时候玩一玩这个游戏了！请添加一条 print() 语句，在解释器里输出故事。然后检查代码，确保所有代码"看起来"是正确的。确认一切就绪后，请保存并运行这个程序。此时，你应该会看到 IDLE 里显示了一个非常"愚蠢"的故事！

```
Enter an adjective: Lazy
Enter the name of an outdoor game: Tennis
Enter another adjective: Beautiful
Enter the name of a friend: Eric
Enter a verb ending in ing: Singing
Enter one more adjective: Sticky
It was a lazy summer day at the beach. My friends and I
were in the water playing tennis. As a beautiful wave
came closer, my friend Eric yelled, "Look! There's a
jellyfish singing!" As we got closer, we saw that the
jellyfish was indeed singing! Eric ran out of the water
and onto the sand. Eric was afraid of singing jellyfish.
The rest of us stayed in the water playing tennis
because singing jellyfish are sticky.
```

下面是这个项目的完整代码。请随意发挥你的创造力，创建自己的疯狂填词生成器吧！

```
# Words requested from the user
adjective1 = input('Enter an adjective: ').lower()
game = input('Enter the name of an outdoor game: ').lower()
adjective2 = input('Enter another adjective: ').lower()
friend = input('Enter the name of a friend: ').capitalize()
verb = input('Enter a verb: ').lower()
adjective3 = input('Enter one more adjective: ').lower()

# Story template
story = (f'It was a {adjective1} summer day at the beach.
My friends and I were in the water playing {game}. As a
{adjective2} wave came closer, my friend {friend} yelled,
"Look! There\'s a jellyfish {verb}!" As we got closer, we
saw that the jellyfish was indeed {verb}! {friend} ran out
of the water and onto the sand. {friend} was afraid of
{verb} jellyfish. The rest of us stayed in the water playing
{game} because {verb} jellyfish are {adjective3}.')

print(story)
```

第 **7** 章

条件与控制流

在运行代码时，Python 可以根据你添加到脚本里的逻辑做出决策。你添加的逻辑让代码可以根据遇到的真假情况决定怎么处理。在 Python 中，这种情况称为条件（condition）。你的脚本可以包含一个或多个条件，并且这些条件都会包含一组操作。

比较运算符

你可能对数学里用来比较数字的运算符比较熟悉，例如，"大于""小于""小于等于"等。Python 也有同样的运算符，还提供了其他一些的比较运算符来帮助你比较数字或字符串。比较运算符可以用来比较两个值。当使用比较运算符时，Python 将返回布尔值 True 或 False，这两个返回值用来表示比较的结果是真还是假。Python 中的布尔值都是首字母大写的。比较运算符如下所示。

运算符	名称	示例
==	等于	5 == 5
!=	不等于	26 != 3
>	大于	100 > 67
<	小于	89 < 216
>=	大于等于	90 >= 54
<=	小于等于	23 <= 77

比较器运算符可以用来完成更复杂的包含数学方程式的比较。Python 会在确定布尔值是 True 还是 False 之前，对比较运算符两端的方程式进行计算。

```
>>> 4 * 7 > 98 / 2
False
>>> 5 + (6**2 + 3) <= 99 - (23 * 12/2)
False
>>> 12/2 == 3 * 2
True
```

你也可以使用比较运算符来检查字符串的值是否相同。

```
>>> favorite_flower = 'rose'
>>> flower = 'Rose'
```

```
>>> print(favorite_flower == flower)
False
```

在上面这个例子里，虽然两个变量都分配给了相同类型的花朵，但是分配给 favorite_flower 的字符串全是小写字母，而分配给 flower 的字符串是以大写 R 开头的。

逻辑运算符

然而比较可以进行的操作不止于此！还有 3 个可以被用来比较值的逻辑运算符。就像前面提到的比较运算符那样，逻辑运算符也会返回布尔值 True 或 False。逻辑运算符如下所示。

运算符	描述	示例
and	当两条语句都为真时返回 True	2 < 3 and 5 > 10 True
or	当任何一条语句为真时返回 True	1 > 7 or 4 < 3 False
not[1]	当语句为真时返回 False	not 2 < 3 False

你可以使用逻辑运算符来判断两个或多个表达式是否为真。

```
>>> (4 > 5) and (3 <= 3)
False
>>> (((20 * 3) + 2) < (100 / 2) * (5**3 - 6)) or ((8 - 7 +1) >= 4)
True
```

在第一个例子里，Python 会比较两个不等式方程的布尔值，也就是 False 和 True，由于其中一个表达式的计算结果为 False，因此最终结果为 False；在第二个例子里，Python 会先计算每个方程式的结果，然后再比

---

1 译者注：原文提到有3个逻辑运算符，但是原文表格里只有2个，所以补上not逻辑运算符。

较每个表达式的布尔值，也就是 True 或 False，而由于其中一个表达式的计算结果为 True，因此最终结果为 True。

逻辑运算符不仅可以用来比较数字，还可以用来比较由字符串组成的条件。例如，你可以根据"今天是不是星期二并且（and）是否已经做完了作业"来决定能不能看动画片。

if 语句

你可以让代码在满足了所有必需条件之后去执行一些特定的操作。就像在上一节里的例子那样，你只能在星期二并且已经完成作业的情况下才能看动画片。

你可以使用 if 语句来决定在满足条件的情况下会发生什么。if 语句（if statement）会这样去评估：如果满足某些条件，就去执行特定的操作，如下所示。

if some condition:
action

在看动画片的例子里，如果（if）你在星期二完成了作业，才（then）可以看动画片。你可以在 Python 中把这个条件逻辑转变为 if 语句。为了更方便为这段逻辑创建一个程序，请在 IDLE 里创建一个新文件，并使用文件名 cartoons.py 保存。

首先，创建一个名为 homework_complete 的变量，并且为这个变量分配布尔值 True。然后，创建一个名为 day_of_week 的变量，并且把

Tuesday 分配给这个变量。

```
homework_complete = True
day_of_week = 'Tuesday'
```

接下来，创建一条 if 语句来表明你能看动画片所必须满足的条件。在这条 if 语句里，会包含一个逻辑比较器。这个逻辑比较器会比较你的作业有没有完成，以及今天是不是星期二。

```
if (homework_complete == True) and (day_of_week ==
'Tuesday'):
```

让我们用一条告诉你可以看动画片的 print() 语句来完成 if 语句。保存并运行程序来测试你的逻辑是否正确吧。下面是这个程序的完整代码：

```
homework_complete = True
day_of_week = 'Tuesday'

if (homework_complete == True) and (day_of_week ==
'Tuesday'):
    print('You can watch cartoons!')
```

if-else 语句

如果不满足条件，例如，你还没有完成作业的情况，会发生什么呢？在你刚编写的程序里，还没有给出相应的逻辑来告诉 Python 当你还没有完成作业时应该怎么做。因此，如果我们把 did_homework 分配的值改为 False，那么什么事情都不会发生。这时，你可以使用 if-else 语句（if-else statement）来为 if 语句提供一个额外的操作，如下所示。

if some condition:
　　action
else:
　　action

if-else 语句会先检查是否满足 if 里的条件。如果满足 if 里的条件，那么就会执行第一个操作。如果不满足 if 里的条件，Python 就会去查找 else 条件并采用其中的操作。

接下来，我们修改程序，以反映当你没有完成作业的时候应该怎么办！在 print() 语句之后，添加一个 else 条件，并且设置当你没有完成作业时应该输出的内容。

```
else:
    print("You can't watch cartoons until your homework
is complete!")
```

要测试上述逻辑是否有效，我们可以把分配给 homework_complete 变量的值修改为 False。保存并运行这个程序后，字符串 You can't watch cartoons until your homework is complete!（你得先完成作业才可以看动画片！）将显示在解释器窗口中。

if-elif-else 语句

等等！你可能还遇到过这样一种情况，就是结果并不是"非此即彼"那么简单。比如，星期六非常适合放松身心，所以即使你还没有完成作业，也是可以看动画片的，因为你还有一整个周末的时间去完成它。

你可以通过添加更多的条件语句来让条件逻辑变得更复杂！if-elif-else 语句（if-elif-else statement）可以让你为 Python 创建多个评估条件

来执行不同的操作。elif 表示的是"不然如果"（else if）[1]。

if some condition:
    action
elif some condition:
    action
else:
    action

Python 首先会从 if 语句开始检查有没有满足指定的条件。如果不满足条件，那么 Python 会检查 elif 里的条件。如果满足 elif 条件，那么 Python 就会执行 elif 语句里定义的操作，并且不再继续检查 if-elif-else 语句。如果发现需要不止一个 elif 条件的话，你也可以根据需要添加任意多条 elif 语句。但是，if-elif-else 语句里的最终条件始终是 else 条件。

让我们修改程序，在 if 和 else 语句之间添加一条 elif 语句。和构建 if 条件的方式一样，elif 也需要添加一个条件，用这个条件来检查 day_of_week 变量是不是等于 Saturday（星期六）。如果是星期六，就用 print() 语句来输出可以看动画片，同时提醒你需要在星期日晚上完成作业。

```
elif day_of_week == 'Saturday':
    print('You can watch cartoons, but you must
complete your homework by Sunday night!')
```

在测试程序前，请确保 homework_complete 变量的值是 False，并确保 Saturday（星期六）被分配给了 day_of_week 变量。请保存并运行程序，检查上述逻辑是否正确吧！

```
homework_complete = True
day_of_week = 'Saturday'
```

---

1 译者注：原文这里后面的内容不准确。原文是："elif表示的是'不然如果'（else if），也就是'不然，做这些'或'或者，做这些'"。后面部分的内容表述的是else的意思，并不是elif的意思。

```
if (homework_complete == True) and (day_of_week ==
'Tuesday'):
    print('You can watch cartoons!')

elif day_of_week == 'Saturday':
    print('You can watch cartoons, but you must
complete your homework by Sunday night!')

else:
    print("You can't watch cartoons until your homework
is complete!")
```

　　Python 会先查验 homework_complete 变量是不是 True 以及 day_of_week 变量是不是 Tuesday（星期二）。由于这个表达式的值为 False，Python 会去查验 elif 条件，以检查 day_of_week 变量是不是 Saturday（星期六）。又由于 Saturday（星期六）被分配给了 day_of_week 变量，所以会输出"You can watch cartoons, but you must complete your homework by Sunday night!"。

　　如果想测试其他情况，可以把不同的星期几的值分配给 day_of_week 变量，并且改变完成作业的情况。请试着把每条 print() 语句都输出到解释器窗口吧！如果你想提升练习的难度，那么可以在程序中添加更多的 elif 语句。

项目：今天穿什么

项目描述

　　麦迪逊（Madison）想创建一个程序，让这个程序根据天气情况来告诉她应该穿什么衣服。

- 如果温度为 80 华氏度[1]或更高，那么麦迪逊应该穿短裤，并应带上太阳镜。
- 如果温度为 60 ~ 79 华氏度，那么麦迪逊应该穿轻薄的外套。
- 如果温度为 59 华氏度或更低，那么麦迪逊应该穿外套，并应戴上帽子、手套和围巾。

请用 if-elif-else 语句构建条件逻辑，帮助麦迪逊创建她的程序吧。

步骤

实现上述项目的具体步骤如下。

1. 打开 IDLE

在开始编码之前，请打开 IDLE 并创建一个新文件，并将其命名为 **what_to_wear.py**。

2. 了解逻辑

麦迪逊希望程序能在建议她穿什么衣服之前考虑 3 个不同的条件。每个条件会包含一条 if 语句、一个整数、一个比较运算符和一个字符串。应该执行什么操作（麦迪逊应该穿什么）是基于温度确定的。因此，是否满足相应的条件将取决于当前的温度。

3. 创建温度变量

温度每天都会变化。因此，在程序启动的时候，你可以让程序要求麦迪逊输入当前的温度。创建一个名为 temperature 的变量，并且提示麦迪逊输入当前温度。

```
temperature = int(input('What is the current
temperature? '))
```

程序会用分配给 temperature 变量的值与其他数值进行比较。因此，请确保把 temperature 变量转换为 int 类型。

---

1 译者注：摄氏度=（华氏度- 32）×$\frac{5}{9}$

4. 创建 if 语句

我们先从第一个条件开始，创建一条 if 语句[1]，用来检测当前温度有没有到 80 华氏度或更高。如果满足条件，就把麦迪逊的穿衣建议赋给一个名为 outfit 的变量！

```
if temperature >= 80:
    outfit = 'shorts and pack your sunglasses'
```

你可以测试程序，检查逻辑。请添加一条 print() 语句来输出服装建议。当出现提示信息时，输入 80 或更大的任何数值，对应的穿衣建议就会被输出到解释器[2]。

5. 添加 elif 语句

如果你已经确定程序的初始逻辑是正确的，就可以为第二个条件添加一条 elif 语句了。在程序里添加一条 elif 语句，用来检查当前温度是否在 60 和 79 华氏度之间吧。这个逻辑关系需要你用逻辑运算符来比较两个表达式：第一个表达式会判断当前温度是不是小于等于 79 华氏度；第二个表达式会判断当前温度是不是大于等于 60 华氏度。如果满足条件，就把麦迪逊的穿衣建议赋给 outfit 变量！

```
elif temperature <= 79 and temperature >= 60:
    outfit = 'a light jacket'
```

你可以通过测试程序来检查逻辑。请添加一条 print() 语句来输出服装建议！当出现提示信息时，输入 60 和 79 之间的任何数值，对应的穿衣建议就会被输出到解释器[3]。

---

1 译者注：原文为"在advice变量前创建一条if语句"，advice变量是在后面部分引入的，因此在这里要删除。

2 译者注：原文为"输出的advice变量会包含相对应的穿衣建议"，advice变量是在后面部分引入的，因此这里做了修改。

3 译者注：原文为"输出的advice变量会包含相对应的穿衣建议"，advice变量是在后面部分引入的，因此这里做了修改。

6. 添加 else 语句

现在只剩下一个条件需要被添加到这个程序里了！既然没有其他的条件了，你就可以创建一条 else 语句，把麦迪逊的穿衣建议赋给 outfit 变量。

```
else:
    outfit = 'a coat in addition to a hat, gloves, and scarf'
```

你可以测试程序来检查逻辑。请添加一条 print() 语句来输出服装建议！当出现提示信息时，输入 59 或更低的任何数值，对应的穿衣建议就会被输出到解释器 [1]。

7. 创建 advice 变量

除了可以在每个条件里都创建一个单独的 print() 语句，你还可以把不同条件下 outfit 变量的值传递给一个统一的字符串。

在 if-elif-else 语句下面，创建一个名为 advice 的变量，它会通过字符串格式化把 outfit 变量的值添加到 'Today you should wear' ('今天你应该穿') 这个字符串里。最后，再加上一条 print() 语句，输出 advice 变量即可。

```
advice = (f'Today you should wear {outfit}.')
```

在测试程序之前，请注释每个条件里的 print() 语句。现在，保存并运行这个程序，以测试各个条件吧！

如果你要尝试更多的挑战，就向程序里添加更多的条件逻辑吧！完整的程序如下：

```
# Ask the user to enter the current temperature
temperature = int(input('What is the current temperature? '))

# Compares the current temperature to provide outfit suggestions
```

---

1 译者注：原文为"输出的advice变量会包含相对应的穿衣建议"，advice变量是在后面部分引入的，因此这里做了修改。

```python
if temperature >= 80:
    outfit = 'shorts and pack your sunglasses'
elif temperature <= 79 and temperature >= 60:
    outfit = 'a light jacket'
else:
    outfit = 'a coat in addition to a hat, gloves, and scarf'

# Advice for the user
advice = (f'Today you should wear {outfit}.')

print(advice)
```

第**8**章

列表

如果让你用 Python 程序列出所有朋友的名字，你可能会认为可以给每个朋友都创建一个变量，然后把他们的名字分配给这些变量。但是，你并不能在程序里很方便地使用所有这些代表好友的变量，因为你必须得记住每个好友的变量名并且要一个一个地去分配他们的值。Python 可以把相关的元素组合到一个列表（list）里，为你提供更方便的操作元素集合的体验。

创建列表

列表是一个有序的、其中元素可以被修改的多项集。因此，列表里的每个元素都有一个特定的位置。如果想要改变列表里的元素，你可以用其位置信息（索引）来实现。列表也可以包含重复的元素。

my_list = ['list item 1', 'list item 2']

让我们创建一个由兴趣爱好组成的列表吧！先创建一个名为 hobbies 的变量，然后把你的兴趣爱好作为字符串一个一个地添加到列表里。

```
>>> hobbies = ['swimming', 'dancing', 'singing']
```

你可以使用 print() 语句并传入 hobbies 变量的方式来输出列表内容。Python 会按照括号中的顺序输出整个列表。

```
>>> hobbies = ['swimming', 'dancing', 'singing']
>>> print(hobbies)
['swimming', 'dancing', 'singing']
```

 小测验

> 　贾里德（Jared）想创建一个他最喜欢的超级英雄的列表。下面哪条语句展示了创建这个列表的正确语法？
>
> **A.** comic_books = ('Spiderman', 'Wonder Woman', 'Hulk', 'Batman')
>
> **B.** comic_books = ['Spiderman' + 'Wonder Woman' + 'Hulk' + 'Batman']

C. comic_books = ['Spiderman', 'Wonder Woman', 'Hulk', 'Batman']

D. comic_books = 'Spiderman', 'Wonder Woman', 'Hulk', 'Batman'

列表长度

你可以创建一个包含任意多个元素的列表，然后使用 len() 函数来获悉列表里有多少个元素。

len(my_list)

例如，对于 hobbies 列表，我们可以使用 len() 函数来输出它的长度。

```
>>> len(hobbies)
3
```

检查列表里是否存在某个元素

你可以使用 in 关键字来检索列表里的元素，以确定列表里有没有包含这个元素。in 关键字会返回一个布尔值 True 或 False。

my_list = ['list item 1', 'list item 2']
'list item 1' in my_list

例如，使用 in 关键字来检查 play basketball（打篮球）元素是否在

hobbies 列表里。

```
>>> 'play basketball' in hobbies
False
```

　　由于 play basketball（打篮球）并不在 hobbies 列表里，因此会返回 False。接下来，让我们用 in 关键字来检查 dancing（跳舞）元素是否在 hobbies 列表里。

```
>>> 'dancing' in hobbies
True
```

　　由于 dancing（跳舞）存在于 hobbies 列表里，因此会返回 True。如果把列表元素的格式改变，会出现什么情况呢？例如，用 in 关键字来检查 SINGING 元素是否在 hobbies 列表里。

```
>>> 'SINGING' in hobbies
False
```

　　结果会返回 False，这是因为在 hobbies 列表里，singing 元素的所有字符都是小写的，而这个例子里 SINGING 元素的所有字符都是大写的。

获取元素的索引

　　索引是指元素在列表里的位置。你可以用 index() 方法获取元素的索引。

my_list.index('list item')

　　索引是从 0 开始的。让我们用如下代码输出 hobbies 列表里的 dancing 元素的索引。

```
>>> hobbies.index('dancing')
1
```

访问列表里的元素

如果你想访问特定位置的元素，可以用列表元素的索引来完成。

my_list [index]

Python 会在指定的索引处查找相应的元素，并且完成你在程序里所提供的任何操作。接下来，让我们从 hobbies 列表里输出 dancing 元素。dancing 元素的索引是 1（请记住，Python 是从 0 开始计数的！）。

```
>>> hobbies[1]
dancing
```

你可能还记得，在 Python 中还可以使用负数来作为索引，负数索引表示从列表的末尾开始计算位置。要通过负数索引来访问 dancing 元素，就需要从列表的最后一个元素（-1）开始计数，并用相应的负数索引在 print() 语句输出 dancing 元素。

```
>>> hobbies[-2]
dancing
```

 小测验

位于 books 列表 [-2] 索引处的元素是什么？

```
books = ["Charlotte's Web", "Holes",
"Matilda", "A Wrinkle in Time", "Hatchet"]
```

> **A.** Matilda   **B.** Hatchet
>
> **C.** Charlotte's Web   **D.** A Wrinkle in Time

修改列表的元素值

通过索引，你还可以把列表里的元素替换为新元素。

my_list [index] = 'new value'

你可以把 hobbies 列表里的 swimming 元素替换为 snowboarding 元素。swimming 元素的索引是 0，于是我们可以通过这个索引来替换元素，然后再输出 hobbies 列表。

```
>>> hobbies[0] = 'snowboarding'
>>> hobbies
['snowboarding', 'dancing', 'singing']
```

列表一经修改，swimming 元素就不再出现在列表里了，因为它被替换成了 snowboarding。

因此，你可以使用 index() 方法来替换列表里的元素。在下面的示例里，我们用 index() 方法把 singing 元素替换成了 running 元素：

```
>>> hobbies[hobbies.index('singing')] = 'running'
>>> hobbies
['snowboarding', 'dancing', 'running']
```

可以看到，Python 通过 index() 方法成功地把 singing 元素替换成了 running 元素。

向列表添加元素

你可以使用 append() 方法把元素添加到列表的末尾。

my_list.append('list item 3')

让我们把新的爱好 **gaming** 添加到 hobbies 列表里，然后输出列表吧！注意，添加新的元素时，如果你用的是 append() 方法，那么这些元素将始终被添加到列表的末尾。

```
>>> hobbies.append('gaming')
>>> hobbies
['snowboarding', 'dancing', 'running', 'gaming']
```

向列表插入元素

你可以用 insert() 方法把元素插入列表的指定索引处。

my_list.insert(1, 'list item 3')

让我们把新的爱好 rock climbing 插入 hobbies 列表里的 dancing 元素之后吧！这个操作需要用到 dancing 元素之后的那个索引，也就是 running 元素的索引。我们可以通过 index() 方法得到这个索引值，然后就能在输出列表中看到新的爱好了。

```
>>> hobbies.insert(hobbies.index('running'), 'rock climbing')
>>> hobbies ['snowboarding', 'dancing', 'rock climbing',
'running', 'gaming']
```

可以看到，rock climbing 元素出现在了索引 2 的位置，这就意味着 running 元素的新索引是 3。你可以通过 index() 方法来检查 running 元素的索引。

```
>>> hobbies.index('running')
3
```

从列表里删除元素

你可以用 remove() 方法从列表里删除特定的元素。

my_list.remove('list item 1')

我们用 remove() 方法从列表里删除 running 元素。这样，输出的列表就不再包含 running 元素了。

```
>>> hobbies.remove('running')
>>> hobbies
['snowboarding', 'dancing', 'rock climbing', 'gaming']
```

删除指定索引处的元素

你可以用 pop() 方法从列表里删除指定索引处的元素。如果没有提供索引值，则 Python 会删除列表里的最后一个元素。

my_list.pop()

让我们从列表里删除索引为 1 的元素，然后输出列表。

```
>>> hobbies.pop(1)
'dancing'
>>> hobbies
['snowboarding', 'rock climbing', 'gaming']
```

清空列表

要清空整个列表，让列表里不再包含任何元素，可以用 clear() 方法实现。

my_list.clear()

接下来，我们用 clear() 方法来清空 hobbies 列表里的所有元素，然后可以看到输出列表为空。

```
>>> hobbies.clear()
>>> hobbies
[]
```

你也可以通过把 hobbies 变量重新分配给空列表来清空列表。

```
>>> hobbies = []
>>> print(hobbies)
[]
```

 小测验

克劳迪娅（Claudia）的生日快到了！她的父母要她准备一个包含 3 个生日礼物的列表。克劳迪娅在管理列表时遇到了麻烦。下面是克劳迪娅准备的礼物列表。

```
presents = ['basketball', 'book', 'camera',
'headphones']
```

克劳迪娅的列表似乎太长了。她可以通过哪个函数来得到列表的长度？

A. len(presents)　　　　　　　**B.** total(presents)

C. presents(len)　　　　　　　**D.** total(presents())

由于克劳迪娅的列表太长了，她需要从 presents 列表里删除一个元素。因为在上次的生日她已经得到了一个篮球，所以她决定删掉篮球（ basketball ）。克劳迪娅可以使用哪个方法来删除她不再想要的元素？

A. remove(presents(('basketball')))

B. presents.delete('basketball')

C. presents.remove('basketball')

D. presents.remove(basketball)

克劳迪娅想要具体说明自己想要的生日礼物里相机的类型。她希望指定的是宝丽来相机，而不是其他相机。克劳迪娅可以用哪个方法把 camera 元素替换为 Polaroid camera ？

A. 'camera' = 'Polaroid camera'

B. presents[1] = 'Polaroid camera'

C. presents('camera') = 'Polaroid camera'

D. presents[2] = 'Polaroid camera'

连接

通过合并或连接（ concatenate ）列表，你就可以创建一个新列表，这个新列表是独立于那些用来构成它的列表而存在的。

my_list = ['list item 1', 'list item 2']
my_other_list = ['list item A']
my_new_list = my_list + my_other_list

你可以用 + 操作符来连接列表，并把新列表分配给一个新的变量。

```
>>> months = ['January', 'February', 'March', 'April']
>>> seasons = ['Autumn', 'Winter', 'Spring', 'Summer']
>>> months_and_seasons = months + seasons
>>> months_and_seasons
['January', 'February', 'March', 'April', 'Autumn',
'Winter', 'Spring', 'Summer']
```

可以看到，新的 months_and_seasons 列表里的元素会保持和原始列表中相同的顺序。

延长

在合并两个列表时，并不总是需要创建一个新列表！你还可以用extend()方法把一个列表添加到另一个列表的末尾。

my_list = ['list item', 'list item']
my_other_list = ['list item']
my_list.extend(my_other_list)

还是用上面例子里的 months 和 seasons 列表，把 seasons 列表添加到 months 列表的末尾。这样，在输出 months 列表时，你会发现 months 列表变长了，并且包含了 seasons 列表里的元素。

```
>>> months = ['January', 'February', 'March', 'April']
>>> seasons = ['Autumn', 'Winter', 'Spring', 'Summer']
>>> months.extend(seasons)
>>> months
['January', 'February', 'March', 'April', 'Autumn',
'Winter', 'Spring', 'Summer']
```

此外，在把 seasons 列表里的元素添加到了 months 列表里之后，seasons 列表也会继续保持不变！你可以通过输出 seasons 列表来证明这一点。

```
>>> seasons
['Autumn', 'Winter', 'Spring', 'Summer']
```

切片

前文提到，你可以通过索引访问列表里的元素。你还可以通过一个或两个元素的索引来对列表进行切片（slice）。列表的切片操作可以用来返回指定范围内的所有元素。

创建一个名为 **rainbow** 的新列表，然后把彩虹的颜色添加到这个列表里。

```
>>> rainbow = ['red', 'orange', 'yellow', 'green',
'blue', 'indigo', 'violet']
```

你可以用 len() 函数得到该列表的长度，以确定列表里有多少个元素。

```
>>> len(rainbow)
7
```

现在，你知道了 rainbow 列表的长度——这个长度信息会在对列表进行切片操作时用到。

要返回某个指定范围内的元素，可以在 IDLE 里把列表和相应的元素的索引组合起来。下面的例子会返回 rainbow 里的第二个、第三个和第四个元素。

```
>>> rainbow[1:4]
['orange', 'yellow', 'green']
```

重申一次，在 Python 中，切片的范围会从指定的起始索引开始，然后在你指定的停止索引之前结束。因此，上面这个例子里的范围是从第二个元素 orange 的索引 1 开始，在第五个元素的索引 4 之前结束，所以最后输出的是第四个元素 green。

你还可以通过切片操作来返回指定索引之前或之后的所有元素。想要得到这样的结果，只需要把第一个索引或第二个索引设置为空即可。

```
>>> rainbow[3:]
['green', 'blue', 'indigo', 'violet']
>>> rainbow[:5]
['red', 'orange', 'yellow', 'green', 'blue']
```

这段代码的第一个例子，输出了从索引 3 开始的所有元素；而在第二个例子里，输出了索引 5 之前的所有元素。

对列表进行切片操作时，你也可以使用负数索引！在这种情况下，Python 会从列表的最后一个元素开始，向前计数来返回指定的元素。

```
>>> rainbow[-5:-2]
['yellow', 'green', 'blue']
```

在这个例子里，Python 会输出索引 -5 和索引 -2（但不包括）之间的所有元素。

 小测验

> 劳尔（Raul）的宠物狗最近要生小狗了！他决定让他的朋友们以先到先得的方式领养还没出生的小狗。在小狗出生之前，劳尔创建了一个列表，用来汇总有兴趣领养小狗的朋友的名字。在小狗出生之后，劳尔发现列表上有 12 个人的名字，但是小狗只有 7 只。请你帮他看看，用下面哪个语句才能输出 options_interest 里可以领养小狗的好友列表。
>
> ```
> adoption_interest = ['Mya', 'Shawn',
> 'Carlos', 'Riley', 'Ashanti', 'Bruce',
> 'Lauren', 'Mike', 'Keith', 'Kai',
> 'Shanice', 'Noland']
> ```
>
> **A.** adoption_interest[:-4]
>
> **B.** adoption_interest[1:7]
>
> **C.** adoption_interest[7:]
>
> **D.** adoption_interest[:7]

第**9**章

for 循环

计算机非常适合用来执行那些对人们来说非常无聊乏味的重复性操作。这也正是我们会如此喜欢使用计算机编程的重要原因！在计算机编程里，循环（loop）就是用来创建重复操作的，而 for 循环（for loop）正是其中的一种。

创建 for 循环

假设你需要逐行输出字符串 Python 里的每个字母，那么可以先创建一个变量，然后把字符串 Python 分配给这个变量。通过 print() 函数，你可以输出变量的值。但是，这样做的结果是什么呢？

```
>>> language = 'Python'
>>> print(language)
Python
```

字符串 Python 的确被输出到解释器里，但这并没有逐行输出字符串里的每个字母。这个目标，我们可以通过 for 循环来实现。

for *item* in *object*:
action

for 循环可以在代码里重复相同的步骤。这个重复的过程称为迭代（iterating）。

迭代字符串

当你为字符串创建一个 for 循环时，Python 会迭代字符串里的每个元素[1]。在循环里，你可以指定要对每个元素执行的操作。让我们来看看 Python 里的字符串是怎么回事吧！

之前你创建了一个存放字符串 Python 的 language 变量，接下来，我们会用这个变量来创建一个 for 循环。首先，创建一条用来表示"对于 language 变量的每个元素"的 for 语句。

---

1 译者注：对于字符串来说，元素就是字符。

```
>>> for item in language:
```

你可以为元素取任意的名称，但是通常来说，元素的名称会和变量名相关。

接下来，请添加一个你希望程序对字符串 Python 里的每个元素（item）执行的操作。就我们最初的目标来说，就是输出字符串 Python 里的每个字母（也就是元素）。在 IDLE 里，输入 print() 语句，并按两次 Enter 键，以运行代码。

```
>>> for item in language:
        print(item)


P
y
t
h
o
n
```

上述这段代码会从字符串 Python 里的第一个元素开始，完成想要执行的操作，也就是输出这个元素。然后，循环会对字符串 Python 里的下一个元素重复相同的操作。循环会不断继续，直到输出字符串 Python 里的所有元素。

迭代列表

你不仅可以对字符串进行迭代，还可以对列表进行迭代，即对列表里的每个元素执行相同的操作。我们创建一个名为 continents 的列表，使之包含地球上的各大洲。

```
>>> continents = ['Asia', 'Africa', 'North America',
'South America', 'Antarctica', 'Europe', 'Australia']
```

接下来，用 for 循环来逐行输出 continents 列表里的每个元素。

```
>>> for continent in continents:
        print(continent)


Asia
Africa
North America
South America
Antarctica
Europe
Australia
```

　　循环会从第一个元素 Asia 开始，把值输出到解释器，然后会不断重复该操作并输出下一个大洲的名称，直至 continents 列表里的所有元素都被输出为止。

创建 break 语句

　　要停止循环，你可以在循环里添加一条 break 语句（break statement，即中断语句）。break 语句可用于在循环迭代完所有元素之前停止循环的迭代。

for *item* in object:
action
break

　　if 语句可以用于确定循环是否需要被中断。如果满足 if 语句里的条件，那么循环就会停止迭代；如果不满足 if 语句里的条件，那么循环就会继续进行，直到满足中断的条件为止。

接下来，让我们看看如何使用该语句，实现只输出列表里的 Antarctica 及其之前的所有元素。基于前面的例子，重新创建一个 for 循环，使之也包含输出元素的 print() 语句。在 for 循环内添加一条 if 语句，用来检查当前输出的元素是否等于字符串 Antarctica。

```
>>> for continent in continents:
        print(continent)
        if continent == 'Antarctica':
            break

Asia
Africa
North America
South America
Antarctica
```

Python 会从第一个元素 Asia 开始，把值输出到解释器，然后检查循环里的当前元素是否等于字符串 Antarctica。字符串 Asia 并不等于 Antarctica，因此 Python 会继续迭代 continents 列表，直到当前元素等于 Antarctica 为止。当迭代到 Antarctica 元素时，Python 会先输出这个元素，然后发现该元素确实等于字符串 Antarctica。此时，循环中断，continents 列表里的其他元素不会被循环到，也就不会被输出。

创建 continue 语句

如果你只是希望在循环里停止当前的迭代，然后在新的地方继续迭代，该怎么办呢？你可以使用 continue 语句（继续语句）来告诉循环停止当前的迭代，然后从下一个元素处继续迭代。

for *item* in object:
action
continue

你可尝试通过 if 语句和 continue 语句来让循环迭代 continents 列表里的每个元素，但是在 North America 处停止，然后在 South America 处继续迭代！我们先创建一个 for 循环来为 continents 列表里的元素创建迭代，然后添加一条 if 语句，用来检查当前元素是否等于字符串 North America。如果元素等于 North America，那么循环就应该在下一个元素处继续迭代；否则，for 循环应该输出该元素。

```
>>> for continent in continents:
        if continent == 'North America':
            continue
        print(continent)


Asia
Africa
South America
Antarctica
Europe
Australia
```

Python 会从第一个元素 Asia 开始，把值输出到解释器，并检查这个元素是否等于字符串 North America。由于字符串 Asia 不等于字符串 North America，因此会输出该元素。循环继续迭代列表里的元素，直到这个元素等于字符串 North America 为止。当迭代到 North America 元素时，Python 发现 North America 元素等于字符串 North America。此时，循环将停止，并且不会完成 continue 语句之后的 print() 操作。取而代之的是，Python 会从下一个元素 South America 处开始再次迭代，直到迭代完 continents 列表里的所有元素。

 小测验

最近，因为评分系统出现了故障，存放在克莱因先生（Mr. Klein）的成绩簿里的考试成绩被降低了 3 分。克莱因先生可以使用哪个 for 循环来把所有考试成绩提高 3 分并输出新的考试成绩呢？

A.

```
>>> for score in test_scores:
        score = score + 3
        print score
```

B.

```
>>> for score in test_scores:
        score += 3
        print(score)
```

C.

```
>>> for score in test_scores:
        score * 3
        print(score)
```

D.

```
>>> for score in test_scores:
        score += 3
        print ('score')
```

使用 range() 函数

有时候，你想要使用某个范围内的数字来进行多次迭代。range() 函数提供了一种可以在 for 循环中创建数字列表的方法。

for *item* in range(*int*):
action

range() 函数包含 start（起始）和 stop（结束）两个参数，它们被用来指定范围应该从何处开始以及从何处结束。start 参数的默认值是 0。不过，如果想要得到一个特定的范围，你就需要用到 start，stop 语句。

让我们先用默认的 start 参数来创建一个范围。Python 可以通过 for 循环和 range() 函数输出 0 ~ 10 的数字序列。在 range() 函数的括号里，设置的是范围应当结束（但不包括）的数字。

```
>>> for x in range(11):
        print(x)


0
1
2
3
4
5
6
7
8
9
10
```

Python 会从 0 开始并输出值，且继续迭代该范围里的每个元素，直到输出所有 0 ~ 10 的数字为止。Python 是从 0 开始计数的，因此总共会输出 11 个值。

要指定特定范围，需要在 range() 函数里同时输入 start 和 stop 参数。

for *item* in range(start, stop): action

第一个参数用于确定范围应该从何处开始计数，第二个参数用于确定应该在哪里停止计数。根据该语法格式，你可以使用 for 循环和 range() 函数输出 3 ~ 7 的数字序列。

```
>>> for x in range(3,8):
        print(x)


3
4
5
6
7
```

for 循环会从数字 3 开始，逐一输出每个值，但并不包括 8。

你还可以尝试让代码在循环的范围内跳过特定数量的数字。这个跳过或递增的过程可以通过 step（步数）参数完成。

for *item* in range(start, stop, step): action

第一个参数仍然用于确定范围应该从何处开始计数，第二个参数也用于确定应该在哪里停止计数，但是第三个参数会"告诉"代码在范围内循环时每一次计数应该增加多少。

通过该语法格式，你可以使用 for 循环和 range() 函数输出 10 ~ 100
以 10 递增的数字序列。

```
>>> for x in range(10,101,10):
        print(x)


10
20
30
40
50
60
70
80
90
100
```

由于你希望范围包括 100，因此结束参数必须比 100 大 1。该循环会从
数字 10 开始，输出这个数字，然后把 x 变量的值加 10 得到下一个迭代的元
素。该循环会持续到整个范围都被迭代为止。

项目：寻找绿色弹珠

项目描述

玛丽亚（Mariah）最近开始收集弹珠，她已经收集了如下几种颜色和数
量的弹珠。

- 红色：2 颗。
- 橙色：1 颗。

- 粉色: 3 颗。
- 黄色: 2 颗。

遗憾的是，玛丽亚很难找到绿色弹珠。暑假期间，她发现附近有一家弹珠商店，可以让顾客从一个神秘的袋子里盲选弹珠。从袋子里拿出弹珠的条件是，不允许看袋子里面，而且每位顾客每天只能从袋子里取出 5 颗弹珠。如果她选择不保留被拿出的弹珠，就必须把这些弹珠放回到袋子里去。因为玛丽亚想要绿色弹珠，所以一旦找到了，她就不会再继续挑选弹珠了。

这个神秘口袋里有如下几种颜色和数量的弹珠。

- 蓝色: 3 颗。
- 绿色: 4 颗。
- 橙色: 1 颗。
- 紫色: 2 颗。
- 黄色: 2 颗。
- 粉色: 2 颗。
- 红色: 4 颗。

请你创建一个程序，用于记录玛丽亚从袋子里取出弹珠的次数，并判断取出的弹珠是否为绿色。如果玛丽亚从袋子里取出了 1 颗绿色弹珠，就把这颗弹珠从神秘的袋子里移除，并添加到玛丽亚的收藏列表里，而且玛丽亚将不再从神秘的袋子里取弹珠。注意，玛丽亚每天只能从神秘的袋子里取出 5 颗弹珠。

步骤

实现上述项目的具体步骤如下。

1. 打开 IDLE

在开始编码之前，请打开 IDLE 并创建一个新文件，并将其命名为 **marbles.py**。

2. 导入随机模块

Python 配备了可以在程序里使用的内置模块。这些模块能够让你在代码里执行一些有趣的操作！ random（随机）模块能够让你得到一个随机值。随机模块中有一个 random.choice() 函数，它可以从列表里返回一个随机元素。要在 Python 中使用某个模块，必须先导入该模块。

import module

请在 IDLE 里导入随机模块，这样你就可以在程序里用 random.choice() 函数从神秘的袋子里选出弹珠了。

```
import random
```

3. 创建玛丽亚的收藏列表

从神秘的袋子里取出弹珠时，玛丽亚需要把得到的绿色弹珠添加到她的收藏列表中。这就需要为当前收集到的弹珠创建一个名为 collection 的列表。

```
collection = ['red', 'pink', 'orange', 'red', 'pink',
'yellow', 'pink', 'yellow']
```

4. 创建神秘的袋子列表

既然你已知道在神秘的袋子里有哪些弹珠，就创建一个名为 secret_bag 的列表，以记录哪些弹珠可以被取出吧！

```
secret_bag = ['pink', 'blue', 'green', 'orange', 'red',
'purple', 'green', 'blue', 'blue', 'red', 'green',
'purple', 'yellow', 'red', 'pink', 'red', 'green',
'yellow']
```

弹珠的输入顺序并不重要，因为玛丽亚总是会随机挑其中的一颗弹珠。

5. 创建已选弹珠列表

为了记录玛丽亚取出了哪些弹珠，你可以先创建一个空列表，然后再把取出的弹珠添加到该列表。把列表里的元素设置为空，就可以创建一个空列表。

```
marbles_chosen = []
```

6. 记录剩余的尝试次数

商店对神秘的袋子有严格的规定，即顾客每天只能从袋子里取出 5 颗弹珠。为此你需要创建一个名为 tries_remaining 的变量，以记录玛丽亚剩余的尝试次数。

```
tries_remaining = 5
```

每当玛丽亚从神秘的袋子里取出一颗弹珠时，剩余的尝试次数就会相应减少，直到剩余的尝试次数为 0 为止。

7. 创建一个 for 循环来进行迭代

由于 Python 不能直接迭代 int 类型，可以用 range() 函数循环随机挑选一颗弹珠 5 次。切记，使用 range() 函数时，循环会执行到传递到圆括号里的数字减 1 的数字。

```
for x in range(6):
```

8. 创建嵌套的 if 语句

在允许玛丽亚取出另一颗弹珠之前，程序需要考虑若干条条件语句。在 Python 中，你可以在一条 if 语句里使用另一条 if 语句，这被称为嵌套（nesting）。首先，在 for 循环里创建一条用来检查剩余的尝试次数是否大于 0 的 if 语句。如果剩余的尝试次数小于或等于 0，就输出一条消息，让玛丽亚知道她的尝试次数已经用完了，只能明天再来尝试。

```
if tries_remaining > 0:
else:
    print('Sorry, you are out of tries. Please come
back tomorrow and try again!')
```

如果剩余的尝试次数大于 0，也会有一些操作。在 if 语句里，且在 else 语句之前，我们要执行的操作有：从神秘的袋子里随机挑选一颗弹珠，将其添加到已选弹珠列表里，并且减少剩余的尝试次数。前文提到，random.choice() 函数可以用来从列表里随机挑选一个元素。

```
selection = random.choice(secret_bag)
marbles_chosen.append(selection)
tries_remaining -= 1
```

你可以创建一个名为 selection 的变量，用以存放随机挑选的弹珠。之后，这个存放到 selection 的弹珠会被添加到用来记录从神秘的袋子里取出的弹珠的 marbles_chosen 列表里。在将所选的弹珠添加到 marbles_chosen 列表之后，你需要把 tries_remaining 的值减 1，以减少剩余的尝试次数。

接下来要做的是添加一条嵌套 if 语句了！在减少剩余的尝试次数之后，你可以通过创建一条 if 语句来检查这次随机挑选的弹珠是不是绿色的。如果随机选择的弹珠是绿色的，就把这颗弹珠添加到玛丽亚的收藏列表里，并将其从神秘的袋子里移除。

```
if selection == 'green':
    collection.append(selection)
    secret_bag.remove(selection)
```

嵌套 if 语句可以用于检查存放到 selection 变量的值是否等于字符串 green。如果值相等，就可以用 append() 方法把这个值（弹珠）添加到玛丽亚的收藏列表里，并用 remove() 方法从神秘的袋子里移除它。

让我们再来创建一条嵌套 if 语句！这条嵌套 if 语句用于在绿色弹珠被添加到了玛丽亚的收藏列表里后中断循环。一旦循环中断，程序将输出一条让玛丽亚知道她挑中了一颗绿色弹珠的声明。

```
if ('green' in collection):
    print(f'Awesome! You found a green marble. If you
would like another marble, you have {tries_remaining}
pick(s) left.')
    break
```

你可以通过 in 关键字来检查 green（绿色）元素是否在 collection 列表里，并用后面的 print() 语句输出声明，最后通过 break 语句来停止循环。

9. 输出玛丽亚今天取出的弹珠

为了让玛丽亚知道在循环停止之前挑选了哪些弹珠，我们再编写一条 print() 语句，用字符串格式化来输出 marbles_chosen 列表里的元素。print() 语句应该在 for 循环之外。

```
print(f'Here are all the marbles that were chosen:
{marbles_chosen}')
```

10. 挑选弹珠

检查完代码后，请保存并运行程序。

```
Awesome! You found a green marble. If you would like
another marble, you have 3 pick(s) left.
Here are all the marbles that were chosen: ['red', 'green']
```

在程序启动后，Python 会先导入随机模块，然后可以在代码里使用 random.choice() 函数从 secret_bag 列表里随机挑选一颗弹珠。然后，Python 会开始 6 次迭代里的第一次迭代，并且检查 tries_remaining 变量的值是否大于 0。因为 tries_remaining 变量的值大于 0，所以会在 secret_bag 列表里随机挑选一个元素添加到 marbles_chosen 列表中，然后将 tries_remaining 的值减 1。接下来，Python 会检查随机挑选的弹珠是否为绿色的。如果弹珠是绿色的，这个元素会被添加到 collection 列表中并从 secret_bag 列表里移除。Python 会去判断并确认绿色弹珠是否存在于 collection 列表。如果 collection 列表里有了绿色弹珠，那么循环会被打断并输出已找到绿色弹珠的声明；否则，Python 会继续循环，直到满足两个条件之一——tries_remaining 变量不再大于 0 或者挑中了一颗绿色弹珠。在循环停止之后，程序会输出 marbles_chosen 列表里的元素。

你可以在程序里为从神秘的袋子里挑选弹珠添加更多的条件逻辑，以创建你独有的限制和规则！在添加嵌套 if 语句时，一定要注意缩进。IDLE 总会帮助你确定需要缩进多少个空格！

下面是一个 **marbles.py** 完整程序的示例。

```
# Import the random module into the program
import random

# List of marbles in the marble collection
collection = ['red', 'pink', 'orange', 'red', 'pink',
'yellow', 'pink', 'yellow']

# List of marbles in the secret bag
secret_bag = ['pink', 'blue', 'green', 'orange', 'red',
'purple', 'green', 'blue', 'blue', 'red', 'green',
'purple', 'yellow', 'red', 'pink', 'red', 'green',
'yellow']

# Empty list of marbles chosen which stores the
# randomly selected marbles
marbles_chosen = []

# Number of tries remaining for randomly selecting a marble
tries_remaining = 5

# For loop used to randomly select marbles 5 times
# unless a green marble is chosen.
# For each marble selected, the number of tries decreases.
for x in range(6):
    if tries_remaining > 0:
        selection = random.choice(secret_bag)
        marbles_chosen.append(selection)
        tries_remaining -= 1
        if selection == 'green':
            collection.append(selection)
            secret_bag.remove(selection)
            if ('green' in collection):
```

```
            print(f'Awesome! You found a green
marble. If you would like another marble, you have
{tries_remaining} pick(s) left.')
                break

    else:
        print('Sorry, you are out of tries. Please come
back tomorrow and try again!')

print(f'Here are all the marbles that were chosen:
{marbles_chosen}')
```

while 循环

在第 9 章里，我们学习了如何在 Python 中使用 for 循环来执行重复的操作。但是，如果想让循环在条件为真时可以不断重复，应该怎么做呢？让我们来学习 Python 提供的另一种循环——while 循环！

创建 while 循环

假设有一个在每次迭代完后都会减少的 x 变量。在 x 不断递减直到等于 0 之前，每一次迭代都会输出字符串"x is greater than 0"（x 大于 0）。如何实现该需求呢？我们可以使用 while 循环！

while condition:
action1
action2
action3

只要定义的条件为真，while 循环就会不断地重复（或迭代）while 循环下面缩进的所有操作。让我们用 while 循环来为 x 变量实现前面的逻辑操作吧。

```
>>> x = 5
>>> while x > 0:
        print("x is greater than 0")
        x -= 1


x is greater than 0
x is greater than 0
x is greater than 0
x is greater than 0
x is greater than 0
```

在上面的代码里，x 变量在最开始时被赋值 5。这个值也被 while 循环用来进行递减操作。在变量赋值的语句下面，while 循环会以条件"x > 0"作为开始。这就意味着，当 x 的值大于 0 时，while 循环里的操作会被执行。在这个例子里，每次操作的结果是输出一个字符串，并且 x 的值减 1。

就像你看到的那样，在完成的 5 次迭代里 x 都是大于 0 的，因此 x is

greater than 0 这个字符串被输出了 5 次。为了确定 x 的值是不是真的在减小并且仍然是大于 0 的，我们修改代码，使输出的字符串包含 x 的当前值。你可以使用 f 语法格式中的字符串格式化把 x 的当前值插入字符串。

```
>>> x = 5
>>> while x > 0:
        print(f"x value is {x}")
        x -= 1


x value is 5
x value is 4
x value is 3
x value is 2
x value is 1
```

break 语句

和 for 循环类似，你也可以使用 break 语句来中断 while 循环。此外，即便 while 循环的条件仍为真，break 语句也可以中断整个循环。

while condition1:
action
if condition2:
break

if 语句可以用来判断循环是否需要被中断。如果满足 if 语句里的条件，那么循环会停止迭代；如果没有满足 if 语句里的条件，那么循环会继续进行，直到满足中断的条件为止。让我们来看看 break 语句的实际应用吧！

```
>>> num = 2
>>> while num <= 10:
        if num == 8:
                break
        print(num)
        num += 2


2
4
6
```

上述代码首先会给 num 变量赋初值 2，接着 while 循环会检查 num 的值是否小于等于 10。如果条件为真，则 while 循环将检查 num 的值是否等于 8。如果 num 的值等于 8，则中断 while 循环；如果 num 的值不等于 8，则输出 num 的值，并且把 num 的值加 2。之后，while 循环会继续迭代，直到 num 的值为 8 时结束。

continue 语句

和 for 循环类似，你也可以在某个点停止运行迭代里的代码，然后继续执行下一次迭代。你可以使用 continue 语句（继续语句）来告诉循环停止当前的迭代，然后从下一个元素继续迭代。

```
while condition1:
    action1
        if condition2:
            continue
    action2
```

让我们使用 continue 语句输出 2 ~ 10 的所有偶数吧！先定义一个名为 num 的变量并给它赋初值 2。然后每次迭代结束后，使 num 的值加 1。如果 num 的当前值是偶数，就把 num 输出到解释器。

```
>>> num = 2
>>> while num <= 10:
        if (num % 2) == 0:
                print(f'{num} is an even number')
        num += 1
        continue

2 is an even number
4 is an even number
6 is an even number
8 is an even number
10 is an even number
```

在上述代码里，while 循环会检查 num 的值是否小于等于 10。如果条件为真，则 while 循环会检查 num 对 2 取模的值是否等于 0。取模运算返回的是两个数相除之后的余数。如果一个数除以 2 的余数是 0，那么说明这个数是偶数；如果余数是 1，那么说明这个数是奇数。就上述代码而言，如果 num 除以 2 的余数是 1，说明 num 的值是奇数，那么停止当前迭代，从下一个迭代继续；否则，说明 num 的值是偶数，那么它的值会被输出到解释器。不论 num 是奇数还是偶数，它的值都会加 1，然后继续执行 while 循环。

while, else 循环

如果你想在 while 循环的条件不再为真时执行一段代码，那么可以通过添加一条 else 语句来实现！

while condition:
action1
else:
action2

每次迭代开始时，Python 都会检查 while 循环里指定的条件是否为真。当条件为假时，else 语句里的操作就会被执行。

让我们创建一个逻辑来模拟火箭模型的发射过程吧！假设火箭模型只能在无风时发射。在 while 循环从 10 倒数到 1 时，不断询问用户当前是否有风。如果有风，则中断循环，输出"Mission Aborted"；如果无风，就继续倒计时。最后，倒计时结束，火箭模型发射，并且输出"We Have Liftoff!"。

```
>>> countdown = 10
>>> while countdown > 0:
        print(countdown)
        countdown -= 1
        if input('Is it windy? ') == 'yes':
                print('Mission Aborted')
                break
else:
        print('We Have Liftoff!')


10
Is it windy? no
9
Is it windy? no
8
Is it windy? no
7
```

```
Is it windy? no
6
Is it windy? no
5
Is it windy? no
4
Is it windy? no
3
Is it windy? no
2
Is it windy? no
1
Is it windy? no
We Have Liftoff!
```

上述代码以 countdown 变量开始，该变量被赋初值 10。while 循环会检查 countdown 的值是否大于 0。如果条件为真，则输出 countdown 的值，并使之减 1。接下来是一条用 input() 函数来询问是否有风的条件语句。如果用户的输入等于字符串 yes，则输出 Mission Aborted（任务中止），并且中断 while 循环。如果用户的输入不等于字符串 yes，则 while 循环继续进行下一个迭代。当 while 循环完成时，else 语句会输出"We Have Liftoff!"（发射成功！）。

 小测验

下面哪个关于 while 循环的陈述是正确的？

A. while 循环在指定的条件为假时进行迭代。while 循环可以通过 break 语句中断。break 语句会停止整个循环，不再执行 while 循环里的代码。

B. while 循环不论指定的条件是真还是假都只能迭代一次。

C. while 循环在指定的条件为真时进行迭代。while 循环可以通过 continue 语句进行中断。continue 语句会停止整个循环，不再执行 while 循环里的代码。

D. while 循环在指定的条件为真时进行迭代。while 循环可以通过 break 语句进行中断。break 语句会停止整个循环，不再执行 while 循环里的代码。

项目：儿童足球队

项目描述

贾里萨（Jaleesa）和拉希姆（Rahim）获选今天踢足球比赛的队长。他们决定用 Python 程序来选择队员！于是，他们想利用随机模块来创建一个可以随机分配球员到球队的程序。这个程序需要不断地向球队里添加球员，直到球队里的球员总数达到 8 人（7 人加上队长）为止。没有被选中加入第一个球队的球员会自动加入第二个球队。

创建程序后，运行程序并输出分配给每个球队的球员名单。

今天参加踢足球比赛的球员如下：

- Anastasia。
- Eli。
- Jamal。
- Jada。
- Theo。
- Michelle。
- Adam。

- Rhea。
- Charlie。
- Jasmine。
- Marley。
- Kenji。
- Sydney。
- Yara。

步骤

实现上述项目的具体步骤如下。

1. 打开 IDLE

在开始编码之前，请打开 IDLE 并创建一个新文件，并将其命名为 **kickball.py**。

2. 导入随机模块

Python 配备了可以在程序里使用的内置模块。这些模块能够让你在代码里执行一些有趣的操作！要在 Python 中使用某个模块，必须先导入这个模块。

import module

random（随机）模块能够让你得到一个随机值。随机模块中有一个 random.choice() 函数，它可以从列表里返回一个随机元素。请在 IDLE 里导入随机模块，这样你就可以在程序里用 random.choice() 函数从可用的球员名单里随机选择一名球员。

```
import random
```

3. 为球员创建一个列表

今天参加踢足球比赛的队员会从名单里被随机挑选。在这个项目里，我

们会先随机挑选出贾里萨球队的所有 7 名队员，没有被选中的球员会自动成
为拉希姆球队的队员。一名球员只能被选中一次，因此当某个球员被贾里萨
的球队选中后，该球员从可用球员名单里删除。

创建一个名为 available_players 的列表，用来包含前面列出的 14 个
可用球员。

```
available_players = ['Anastasia', 'Eli', 'Jamal',
'Jada', 'Theo', 'Michelle', 'Adam', 'Rhea', 'Charlie',
'Jasmine', 'Marley', 'Kenji', 'Sydney', 'Yara']
```

4. 为每个球队创建一个列表

每位队长需要有一个自己的球员名单，以记录他们的球队成员。首先，
为贾里萨的球队创建一个名为 jaleesas_team 的列表。别忘了把贾里萨也
加入进去！

```
jaleesas_team = ['Jaleesa']
```

接下来，为拉希姆的球队创建一个名为 rahims_team 的列表。别忘了
把拉希姆也加入进去！

```
rahims_team = ['Rahim']
```

5. 为贾里萨的球队添加球员

这个程序会在贾里萨的球队球员总数有 8 人之前，不断地随机选择一名
球员。你可以通过获取 jaleesas_team 列表的长度 [使用 len() 函数] 来了
解贾里萨所在球队的球员总数。len() 函数能够为你提供列表里元素的总数。

```
while len(jaleesas_team) < 8:
```

这段代码创建了当贾里萨的球队球员总数小于 8 时进行迭代的 while 循
环。注意，Python 是从 0 开始计数的，而不是从 1 开始的。

接下来，在 while 循环里添加代码，从而把球员添加到球队里。之前

导入的随机模块在这里就派上了用场！在 while 循环里，创建一个名为 player_selected 的变量，以存放随机选择的球员。用 random.choice() 函数从 available_players 列表里随机选择一名球员。

```
while len(jaleesas_team) < 8:
    player_selected = random.choice(available_players)
```

接下来，把这名球员添加到［使用 append() 方法］贾里萨的球队里去，即用 append() 方法来向列表里添加一名球员。

```
while len(jaleesas_team) < 8:
    player_selected = random.choice(available_players)
    jaleesas_team.append(player_selected)
```

最后，如果随机挑选出的球员已经被贾里萨的球队选中，就需要把这名球员从可用列表里移除。用 remove() 方法来把球员从列表里移除。

```
while len(jaleesas_team) < 8:
    player_selected = random.choice(available_players)
    jaleesas_team.append(player_selected)
    available_players.remove(player_selected)
```

当 while 循环开始时，它会检查 jaleesas_team 列表的长度是否小于 8。如果长度小于 8，则使用 random.choice() 函数从 available_players 列表里随机选择一名球员。选中的球员会被添加到 jaleesas_team 列表里，并被从 available_players 列表里移除。当 jaleesas_team 列表的长度不再小于 8 时，循环就会停止。

6. 为拉希姆的球队添加球员

如果贾里萨的球队已经准备就绪，就把剩余的球员从 available_players 列表里添加到拉希姆的球队里——使用 extend() 方法来实现。

```
rahims_team.extend(available_players)
```

7. 输出每队的球员名单

在贾里萨的球队成立之后，你需要让队长和球员知道谁属于哪个球队。首先，在单独的一行上输出字符串"Jaleesa's Team"。

```
print("Jaleesa's Team")
```

然后，在字符串"Jaleesa's Team"下方输出 jaleesas_team 列表里的球员名单。你应该还记得，如果把列表变量直接传递给 print() 语句，输出的格式会包含方括号、逗号和引号。为了让球员名单读起来更像是用逗号分隔的自然语言，你可以添加 * 号，并且提供用来分隔列表里的每个元素（球员）的字符。

```
print("Jaleesa's Team")
print (*jaleesas_team, sep = ", ")
```

同样，对拉希姆的球队进行相同的操作！

```
print("Rahim's Team")
print (*rahims_team, sep = ", ")
```

在程序启动后，Python 会先导入随机模块，然后就可以在代码里使用 random.choice() 函数从 available_players 列表里随机挑选一名球员。然后，Python 会开始第一次迭代，并且检查 jaleesas_team 列表的长度是否小于 8。因为 len(jaleesas_team) 函数返回的值小于 8，所以会从 available_players 列表里随机选择一名球员并将其添加到 jaleesas_team 列表里。选中的球员将从 available_players 列表里移除。接下来，Python 会重复循环并检查 len(jaleesas_team) 函数返回的值是否仍然小于 8。这个循环会一直继续，直到条件不再为真为止。之后，把 available_players 列表里的剩余球员添加到 rahims_team 列表里去。最后，输出每个球队的球员名单。

下面是一个 **kickball.py** 完整程序的示例。

```python
# Import the random module to pick a random item in the list
import random

# List of players available to choose from for teammates
available_players = ['Anastasia', 'Eli', 'Jamal', 'Jada',
'Theo', 'Michelle', 'Adam', 'Rhea', 'Charlie', 'Jasmine',
'Marley', 'Kenji', 'Sydney', 'Cooper']

# List of each captain's teams
jaleesas_team = ['Jaleesa']

rahims_team = ['Rahim']

# While-loop that iterates until Jaleesa's team has 8 players total
while len(jaleesas_team) < 8:
    player_selected = random.choice(available_players)
    jaleesas_team.append(player_selected)
    available_players.remove(player_selected)

# For-loop that adds the remaining players to Rahim's team
rahims_team.extend(available_players)

# Print the players on each team
print("Jaleesa's Team")
print (*jaleesas_team, sep = ", ")

print("Rahim's Team")
print (*rahims_team, sep = ", ")
```

第**11**章

函数

Python 程序通常会把相同的操作集定义为一个代码块。也就是说，它并不会在程序里不断地重写相同的代码，而是会创建一个在任何需要的地方都可以使用的函数（function）。

创建函数

在 Python 中，每个函数都有一个名称，也就是你用来调用它的名称。定义函数的语法格式如下所示。

def function_name( ):
　　action 1
　　action 2

所有函数都以 def 关键字作为开头，后面跟着函数名和圆括号。函数的下方是函数体。函数体包含了你为了完成函数所选择的各项操作。

下方的示例是一个名为 hello_world 的函数，这个函数会输出字符串"Hello World"：

```
>>> def hello_world():
        print("Hello World")
```

调用函数

上面那个例子里的函数在被调用之前并不会在程序里执行任何操作。调用函数会让你的代码运行函数体里的代码。要调用函数，请使用函数名并包含圆括号。圆括号表示"把这个名称视为函数并调用它。"

```
>>> hello_world()
Hello World
```

要注意的是，你并不需要在调用函数的时候再用一条 print 语句。这是因为 hello_world() 函数在函数体里已经包含了一条 print 语句，所以函数内的字符串会在函数被调用时被输出。

函数可以做的不仅仅是输出字符串！实际上，到目前为止编写的大部分代码可以放在函数体里。

返回

通过在函数体里添加 return 语句，即可结束函数的运行。出现在函数体里的 return 语句可以包含一个表达式。这个表达式（expression）可以是值、变量、操作符，甚至是调用另一个函数。return 语句的语法格式如下所示。

```
def function_name( ):
    action 1
    return
```

如果 return 语句包含了表达式，那么会对这个表达式进行计算并返回它的值。能够返回某个值是非常有用的，因为它可以让你在代码里使用这个函数的结果值。但是，如果函数没有包含 return 语句，或者 return 语句没有包含任何表达式，那么函数会返回 None。

让我们按照上面的例子再次创建一个 hello_world() 函数，不过这次要在函数体的末尾添加一条 return 语句。

```
>>> def hello_world():
        print('Hello World')
        return

>>> hello_world()
Hello World
```

参数

　　有些时候，你可能需要为函数提供一些数据，以完成函数体里的操作。这些需要被传递给函数的数据被称为*形式参数*（parameter，简称形参）。其格式如下。

def function_name(parameter1, parameter2): action

　　当调用包含形参的函数时，我们需要在圆括号内为参数提供相应的值。这些值被称为*实际参数*（argument，简称实参）。Python 会接收实参并把它们赋值给由形参命名的变量。通常，函数会按顺序来接收实参，并且按相同的顺序把实参赋值给形参。

　　接下来我们会创建一个名为 good_morning() 的函数，使之可以通过使用姓和名来问候某人。

```
>>> def good_morning(fname, lname):
        print(f'Hello {fname} {lname}')
        return

>>> good_morning('April', 'Speight')
Hello April Speight
```

　　good_morning() 函数有两个形参: fname 和 lname。在函数体里会输出一个字符串，这个字符串包含了在调用 good_morning() 函数时传入的实参。在调用 good_morning() 函数时，括号里提供的两个实参会被赋值给函数内部的两个形参变量，即 fname 和 lname。然后，你就可以像使用函数体里的其他变量那样使用这些形参变量了。有一点非常重要，函数可以接收任何类型的值来作为实参，如 int 类型。例如，下面的 sum() 函数会接收两个形参 a 和 b，并返回两个数的和。

```
>>> def sum(a,b):
        return a + b

>>> sum(5,6)
11
```

小测验

　　下面的代码块包含了一个定义了 double() 函数的代码片段。double() 函数会接收一个数字，并返回这个数字的两倍数。请说出代码块每个部分的名称。

1　**2**

def double(x):

3

return x * 2

4

double(4)
8

默认参数

　　函数也可以创建默认参数，这样参数就是可选的了。除非在调用函数时提供参数值，否则函数会使用默认值，就像下面所示的这样。

def function_name(parameter = value):
action

　　在创建函数时，你需要把默认值赋值给参数。当调用的函数包含默认值时，这个默认值就会被使用。下面是一个名为 favorite_season 的函数的示例，它有一个名为 season 的参数，并且 season 参数的默认值为 Summer（夏天）。

```
>>> def favorite_season(season="Summer"):
        print(f"{season} is my favorite season.")

>>> favorite_season()
Summer is my favorite season.
```

在上面的示例里，favorite_season() 函数在被调用时并没有在圆括号里传递任何值。因此，输出的就是"Summer is my favorite season."。但是，如果在调用函数时有传递任意值，那么在输出时就会使用这个任意值。

```
>>> def favorite_season(season="Summer"):
print(f'{season} is my favorite season.')

>>> favorite_season('Spring')
Spring is my favorite season.
```

尽管 season 参数的默认值是 Summer，但是在调用函数时传递了值 Spring（春天），所以输出的字符串是"Spring is my favorite season."。

 小测验

瑞奇（Ricky）不知道为什么 age_in_dog_years() 函数的返回值是 117，而不是 91。他应该怎么做，才能确保输出到解释器的是 91 呢？

```
>>> def age_in_dog_years(age, dog_years=7):
        return age * dog_years

>>> age_in_dog_years(13, 9)
117
```

> **A.** 将函数的调用修改为 age_in_dog_years(age=13, 9)
>
> **B.** 将函数的定义修改为 def age_in_dog_years(age=117, dog_years=7)，这将为函数里的 age 参数指定一个默认值 117
>
> **C.** age_in_dog_years() 函数调用的时候只传递一个参数：13
>
> **D.** 将函数调用里的 9 替换为 dog_years=9

可变参数

即使不知道有多少个参数会传递到函数中，你也可以创建函数。在函数定义里，可变参数通过在参数名前加上"*"来表示。可变参数通常被命名为"*args"，如下所示。

def function_name(*args):
action 1
action 2

请注意下面名为 states_traveled() 的函数，该函数用于输出"我"所旅行过的州名。

```
>>> def states_traveled(*states):
        for state in states:
                print(f'I have traveled to {state}.')


>>> states_traveled('Vermont', 'Alaska', 'Florida')
I have traveled to Vermont.
I have traveled to Alaska.
I have traveled to Florida.
```

由于"我"所旅行过的州的数量是未知的，因此我们会在 states_traveled()

函数的 states 参数之前加上 "*"。在调用 states_traveled() 函数时提供了
3 个参数，每个参数对应一个 "我" 所旅行过的州。在 states_traveled()
函数体里创建的 for 循环会为每个参数输出一行包含它的字符串。

关键字参数

　　你还可以在调用函数时传递一些在定义函数时不知名的参数。在函数定
义里，关键字参数是通过在参数名前加上 "**" 来表示的。可变参数通常被
命名为 "**kwargs"。

```
def function_name(**kwargs):
```

　　看看下面的名为 introduction() 的函数，它会输出个人信息及其他一些
信息：

```
def introduction(name, age, **kwargs):
print(f'My name is {name}, I\'m {age} years old, and here is
my other information: {kwargs}')
```

```
>>> introduction('Theo', 12)
My name is Theo, I'm 12 years old, and here is my other
information: {}
>>> introduction('Adam', 15, birth_city='Beijing')
My name is Adam, I'm 15 years old, and here is my other
information: {'birth_city': 'Beijing'}
```

　　由于会有一些不知名的参数，因此我们会在 introduction() 函数的
kwargs 参数前加上 "**"。在调用 introduction() 函数时，kwargs 参数会
把所有关键字参数组成一个字典，并且在输出个人信息时包含这些关键字参
数的名称和值。关于字典的详细介绍参见第 12 章。

内置函数

除了在程序里使用自己创建的函数，Python 还提供了几十个内置函数，有的已在前面的章节里有所使用，如 print()、bool()、float()、int()、input()、len()、range()、slice()、str() 和 type()。

Python 中有 60 多个内置函数，详见 Python 官方网站。

项目：客服机器人

"小小空间"（Tiny Space）是一家家具店，专门销售适用于小空间的家具。除了实体店，这个公司还有一个专门提供客户服务聊天窗口的网站，可供客户和"小小空间"团队进行实时聊天。艾迪森（Addison）刚刚创办"小小空间"时，她和她的团队会实时处理任何来自客户的聊天消息。现在，团队业务已经扩张不少，而"小小空间"团队很难再花费大量的时间来实时回复客户提出的问题了。艾迪森开始探索能够尽量减少与客户交谈时间的解决方案。

艾迪森认为，她可以在"小小空间"网站的聊天功能中添加一个聊天机器人，用来筛选来自客户的聊天消息，从而可以在必须要人工帮助时将客户推送到"小小空间"团队里的指定人员那里。对于一些询问，聊天机器人应该能够自动回答客户的问题，而不需要有来自小小空间在线团队的人员参与。艾迪森还希望这个聊天机器人能够模拟人类的真实对话。

为了帮助"小小空间"团队，我们需要为"小小空间"网站的聊天机器人创建一个程序。关于聊天机器人应该如何回应聊天消息的信息如下。

问候

当客户在"小小空间"网站开始聊天时，机器人应该回应"Thanks for

contacting Tiny Space!"。

接下来,机器人需要在继续其他沟通之前先收集客户的名字。收集到客户的名字后,机器人应该用"Thanks, {insert customer's name}!"做出回应。

查询类别

当客户在"小小空间"网站开始聊天时,他们的问题通常分为 5 个类别。在最初的询问筛选之后,不同类别的问题会被分配给不同的人工协助成员。下面列出了问题的类别和相应的负责人员。

- 商店位置和营业时间。
- 订单状态: Elliot。
- 订单问题: Chrissa。
- 设计服务: Ramon。
- 其他问题: Trinity。

商店位置和营业时间是唯一不需要转给人工协助的查询类别。

在聊天机器人向客户致以问候之后,机器人应该回复这样一条信息:"Please select from one of the categories below using the numbers 1-5."。然后,客户应该从上述 5 个类别中选择一个查询类别。如果客户提供了一个无法识别的回答,机器人应该要求客户选择 5 个提供的类别之一,并再次输出类别列表。

1. 商店位置和营业时间

"小小空间"的地址是: 2300 Riverdale Lane, Boston, MA 02101。实体店的营业时间是: 周一至周六,上午 10 点至下午 6 点。

在给客户提供了商店位置和营业时间后,聊天机器人会问客户:"May I help you with anything else?"。如果客户需要其他帮助,聊天机器人就应该为客户再次输出查询类别列表,并在客户选择了另一个查询类别之后,继续基于所选类别进行对话。如果客户不再需要帮助,机器人就应该在对话结束时说："Thanks for contacting Tiny Space!"。

2. 订单状态

如果客户想知道订单的状态，聊天机器人应该回复："Sure, I can help you with that."，然后应该从客户那里收集下面这些信息。

- 客户订单上的全名。
- 订单号。

一旦从客户那里收集到了信息，机器人就应该把对话传递给"小小空间"团队指定的负责人以寻求帮助，并且继续发送信息"Awesome! I'm checking the status of the order now."。

3. 订单问题

如果客户的订单有问题，聊天机器人应该回复："I'm sorry that you're experiencing issues with your order."，然后应该从客户那里收集下面这些信息。

- 订单上的全名。
- 订单号。
- 问题。

一旦从客户那里收集到了信息，机器人就应该把对话传递给"小小空间"团队指定的负责人处寻求帮助，并且继续发送信息"Thanks for providing that information. I'm looking into this now."。

4. 设计服务

如果客户要求提供设计服务，聊天机器人应该把对话传递给"小小空间"团队指定的负责人处寻求帮助，同时回复"I can definitely help you out with your design questions! Tell me how I may be of assistance."，并收集客户的反馈。

5. 其他问题

如果客户选择了其他问题，聊天机器人应该把对话传递给"小小空间"团队指定的负责人寻求帮助，然后回复"No problem, please describe to me how I may be of assistance.", 并且收集客户的反馈。

步骤

创建客户服务聊天机器人所需的步骤如下。

1. 打开 IDLE

在开始编码之前，请打开 IDLE 并创建一个新文件。并将其命名为 **tinyspace.py**。

2. 创建问候函数

聊天机器人的问候是机器人对客户说的第一句话。我们可以把这个问候语放在一个名为 greeting() 的函数里，通过调用它来启动聊天机器人。

```
def greeting():
```

在函数体里，聊天机器人需要向客户打招呼并且询问他们的姓名。你可以使用 input() 函数来提供与客户的交互，从而获得他们的名字。同时，我们需要把客户回复的名字转换为首字母大写格式。只有这样，才可以保证聊天机器人在表达感谢时，名字的格式是正确的。

```
def greeting():
    name = input('Thanks for contacting Tiny Space! May
I have your name? ').capitalize()
    print(f'Thanks, {name}!')
```

3. 创建选择类别函数

在向客户致以问候之后，聊天机器人就需要让客户选择为什么他们会联系"小小空间"的类别。同样地，你可以通过 input() 函数来让客户从 5 个查询类别中选择其中 1 个。聊天机器人需要设计成可以在多次对话里不断地重复输出同样的问题类别列表，并且根据客户的回答执行一组特定的操作。因此，你可以创建一个名为 select_category 的函数，使之包含根据所选类别需要执行的各项操作。

```
def select_category():
```

在后面的部分，你要为每个查询类别分别创建一个函数。不过现在，让我们先把重点放在 select_category() 函数上。

聊天机器人应该先要求客户从可选类别列表里选择一个类别，接着把客户的回答分配给名为 category 的变量。除此之外，在每个类别的左边都用中括号括起来一个数字，从而可以让客户更好地了解哪个数字对应哪个类别。

```
def select_category():
    category = input('Please select from one of the
categories below using the numbers
1 - 5. [1] Store Hours & Locations [2] Status of Order
[3] Issue with Order [4] Design Services [5] Other ')
```

接下来，你需要向 select_category() 函数体内添加逻辑了，这些逻辑用来将聊天机器人导向相应的查询类别函数。在这里，使用 if 语句非常合适，因为你可以通过比较客户的回答来确定应该运行哪个查询类别的函数。创建比较 category 变量的值是 1、2、3、4 还是 5 的 if 语句。注意，客户的回答是 str 类型而不是 int 类型的值。

```
def select_category():
    category = input('Please select from one of the
categories below using the numbers 1 - 5. [1] Store Hours
& Locations [2] Status of Order [3] Issue with Order [4]
Design Services [5] Other ')

    if category == '1':

    if category == '2':

    if category == '3':
```

```
if category == '4':

if category == '5':
```

如果客户对查询类别的回答与对应编号相匹配，就需要调用相应的函数。请向 if-elif 语句的每个分支都添加一个函数调用语句，这些查询类别函数稍后会在程序里加以创建。

```
def select_category():
    category = input('Please select from one of the
categories below using the numbers 1 - 5. [1] Store Hours
& Locations [2] Status of Order [3] Issue with Order [4]
Design Services [5] Other ')

    if category == '1':
        store_location_hours()

    elif category == '2':
        order_status()

    elif category == '3':
        order_issue()

    elif category == '4':
        design_services()

    elif category == '5':
        other()

    else:
        select_category()
```

最后，在 select_category() 函数体的末尾添加一条 else 语句，用以判断客户的回答是否有效。如果客户的回答无效，就调用 select_category()

函数自身，从而可以让聊天机器人再次请求客户选择一个类别[1]。

```
if category not in ['1', '2', '3', '4', '5']:
    select_category()
```

4. 创建查询类别函数

每个查询类别需要有它自己的函数，从而可以根据客户的回答来调用它们。请确保继续使用在上一步里用到的函数名。

首先，从 store_location_hours() 函数开始。商店的位置可以存放到名为 location 的变量中，商店的营业时间可以存放到名为 hours 的变量中。然后，向客户输出一个包含商店位置和营业时间的字符串。

```
def store_location_hours():
    location = '2300 Riverdale Lane Boston, MA 02101'
    hours = 'Monday - Saturday from 10AM to 6PM'
    print(f'Tiny Space is located at {location}. The
store is open {hours}.')
```

接下来，聊天机器人需要使用 input() 函数来询问客户是否还有其他问题。如果客户的回答是 yes，机器人就会要求客户选择一个查询类别。但是，如果客户的回答是 no，聊天机器人就会结束对话。为了方便对客户的回答与字符串 yes 或 no 加以比较，请将客户的回答转换为全小写字母格式。

```
def store_location_hours():
    location = '2300 Riverdale Lane Boston, MA 02101'
    hours = 'Monday - Saturday from 10AM to 6PM'
    print(f'Tiny Space is located at {location}. The
store is open {hours}.')
```

---

1 译者注：这里的翻译内容是基于if- elif- else语句的。原文是："最后，在select_category()函数体的末尾再添加一条if语句，用来判断客户回答是不是有效的。你可以通过检查category变量的值是否在有效的答案字符串列表里来一次性比较多个字符串。如果客户的回答不是1、2、3、4或5，就调用select_category()函数自身，从而可以让聊天机器人再次请求客户选择一个类型。"

```
    additional_question = input('May I help you with
anything else? [Yes/No] ').lower()
    if additional_question == 'yes':
        select_category()
    elif additional_question == 'no':
        print('Thanks for contacting Tiny Space!')
```

要创建的下一个函数是 order_status()。这个函数应该先让聊天机器人告诉客户 "Sure, I can help you with that（我们可以帮助你们）"。然后，再向客户询问订单上的全名以及订单号。同样，你也可以用 input() 函数来收集问题的回答，并存放到变量中。

```
def order_status():
    print('Sure, I can help you with that.')
    full_name = input('May I have the full name on the
order? ')
    order_number = input('May I have the order number? ')
```

机器人在从客户那里收集完信息之后，应该将对话转移给 "小小空间" 团队里指定的负责人员。这些转移查询类别的函数稍后会在程序里被创建出来。现在，请你先假设有一个名为 transfer_Elliot() 的函数，可以通过调用它把对话转移给 Elliot。

```
def order_status():
    print('Sure, I can help you with that.')
    full_name = input('May I have the full name on the
order? ')
    order_number = input('May I have the order number? ')
    transfer_Elliot()
```

下一个要创建的函数是 order_issue()。这个函数应该先让聊天机器人向客户表示 "I'm sorry that you're experiencing issues with your order."。然后，聊天机器人再向客户询问订单上的全名、订单号及遇到的问题。同样，你可以通过 input() 函数来收集问题的回答，并将其存放到变量中。最后，请调用 transfer_Chrissa() 函数把对话转移给 Chrissa。

```python
def order_issue():
    print("I'm sorry that you're experiencing issues
with your order.")
    full_name = input('May I have the full name on the
order? ')
    order_number = input('May I have the order number? ')
    issue = ('Could you please describe the issue with
your order? ')
    transfer_Chrissa()
```

下一个要创建的函数是 design_services()。这个函数应该首先让聊天机器人告诉客户 "I can definitely help you out with your design questions!"，然后通过调用 transfer_Ramon() 函数把对话转移给 Ramon。

```python
def design_services():
    print('I can definitely help you out with your
design questions!')
    transfer_Ramon()
```

要创建的最后一个类别函数是 other()。这个函数应该通过调用 transfer_Trinity() 函数直接将对话转移给 Trinity。

```python
def other():
    transfer_Trinity()
```

5. 创建转移函数

至此，程序即将完成！剩下需要创建的是你在上一步操作中添加的转移函数的操作。下面从 transfer_Elliot() 函数开始。当聊天机器人调用 transfer_Elliot() 函数时，机器人应该告诉客户的最后一件事是它们正在检查订单的状态。这样做可以让聊天过程平稳地从机器人过渡到人类，因此当 Elliot 开始对话时，客户会觉得他们仍然在和同一个人进行交流。

```
def transfer_Elliot():
    print("Awesome! I'm checking the status of the
order now.")
```

transfer_Chrissa() 函数也遵循同样的逻辑。聊天机器人会感谢客户提供信息，并通知他们正在调查订单出现的问题。即 "Thanks for providing that information. I'm looking into this now."。

```
def transfer_Chrissa():
    print("Thanks for providing that information. I'm
looking into this now.")
```

transfer_Ramon() 函数和 transfer_Trinity() 函数会让聊天机器人把对话传递给 "小小空间" 团队指定的负责人，并且会继续向客户询问信息。为此，这两个函数会通过 input() 函数来收集客户的回答。

```
def transfer_Ramon():
    design_question = input('Tell me how I may be of
assistance. ')
    return


def transfer_Trinity():
    other_inquiry = input('No problem, please describe
to me how I may be of assistance. ')
```

6. 启动聊天机器人

要启动聊天机器人，请在文件结尾处调用 greeting() 函数和 select_category() 函数。

```
greeting()
select_category()
```

在程序启动后，Python 会先调用 greeting() 函数，然后调用 select_category() 函数。select_category() 函数会要求客户从提供的类别列表里进行选择。

如果客户的回答是有效的回答之一，Python 就会调用相应的函数，并运行函数内的操作。如果客户的回答不是一个有效的回答，Python 就会再次调用 select_category() 函数自身，并且重新开始 select_category() 函数体里的操作。

下面是一个 **tinyspace.py** 完整程序的示例。

```python
# Greeting

def greeting():
    name = input('Thanks for contacting Tiny Space! May
I have your name? ').capitalize()
    print(f'Thanks, {name}!')

# Inquiry Category

def select_category():
    category = input('Please select from one of the
categories below using the numbers 1 - 5. [1] Store Hours
& Locations [2] Status of Order [3] Issue with Order
[4] Design Services [5] Other ')

    if category == '1':
        store_location_hours()

    if category == '2':
        order_status()

    if category == '3':
        order_issue()

    if category == '4':
        design_services()

    if category == '5':
        other()
```

```python
    if category not in ['1', '2', '3', '4', '5']:
        select_category()


# Category: Store Location & Hours

def store_location_hours():
    location = '2300 Riverdale Lane Boston, MA 02101'
    hours = 'Monday - Saturday from 10AM to 6PM'
    print(f'Tiny Space is located at {location}. The store
is open {hours}.')
    additional_question = input('May I help you with
anything else? [Yes/No] ').lower()
    if additional_question == 'yes':
        select_category()
    elif additional_question == 'no':
        print('Thanks for contacting Tiny Space!')


# Category: Status of Order

def order_status():
    print('Sure, I can help you with that.')
    full_name = input('May I have the full name on the
order? ')
    order_number = input('May I have the order number? ')
    transfer_Elliot()


# Category: Issue with Order

def order_issue():
    print("I'm sorry that you're experiencing issues
with your order.")
    full_name = input('May I have the full name on the
order? ')
    order_number = input('May I have the order number? ')
    issue = ('Could you please describe the issue with
your order? ')
```

```
    transfer_Chrissa()

# Category: Design Services

def design_services():
    print('I can definitely help you out with your
design questions!')
    transfer_Ramon()

# Category: Other

def other():
    transfer_Trinity()

# Transfers to Tiny Space online team

def transfer_Elliot():
    print("Awesome! I'm checking the status of the
order now.")

def transfer_Chrissa():
    print("Thanks for providing that information. I'm
looking into this now.")

def transfer_Ramon():
    design_question = input('Tell me how I may be of
assistance. ')

def transfer_Trinity():
    other_inquiry = input('No problem, please describe
to me how I may be of assistance. ')

# Call the functions to start the chat bot

greeting()
select_category()
```

第**12**章

字典

在 处理数据集时，Python 是一个非常好的选择！前面我们已经学习了如何通过创建一个列表来存放元素，这时每个元素都是一个独立的对象。但对于你所使用的数据来说，有时候有名称的值可能会更易使用。那么应该如何存放有名称的值呢？这种工作就需要用字典（dictionary）来完成了！

创建字典

字典是一个存放有名称的值的列表，也就是说，这个列表里的每一个元素都是由一个键和一个值组成的，我们通常把这个元素称为键值对（key-value pair）。

dictionary_name = {key: value, key: value}

字典里的数据集会用花括号 {} 括起来。每个元素（键值对）的语法格式是 key: value。键在字典里必须是唯一的，它可以是带引号的字符串、数字或者元组。此外，键可以是任意类型的任意值。字典里的元素通过逗号进行分隔。你可以以一种视觉上更容易阅读的方式来书写字典。

```
dictionary_name = {
    key: value,
    key: value
}
```

下面是最近一次数学考试的成绩。左边是学生的名字，右边是他们在考试中获得的成绩。

Angelo	77
Samir	93
Raquel	84
Louis	62
Analicia	87
Tori	95

让我们创建一个名为 math_test 的字典，以存放每个人的考试成绩。

```
>>> math_test = {
        "Angelo": 77,
        "Samir": 93,
        "Raquel": 84,
        "Louis": 62,
        "Analicia": 87,
        "Tori": 95
        }
>>> print(math_test)
{'Angelo': 77, 'Samir': 93, 'Raquel': 84, 'Louis': 62,
'Analicia': 87, 'Tori': 95}
```

每一行中学生的名字和数学考试成绩都被创建成了键值对。学生的名字都是字符串，所以用引号括起来。考试成绩是整数，所以它就不需要用引号括起来。如果要输出 math_test 变量的话，那么字典里的所有键值对都会被输出到解释器里。

字典的一个优点是它可以被修改，这样你就可以灵活地修改存放到字典里的键值对！让我们来学习修改字典的方法吧。

 ## 小测验

布里安娜（Briana）创建了一个字典，用来存放她的朋友在嘉年华里最喜欢的游乐设施。但是，当输出这个字典时，她却收到了错误信息 SyntaxError: invalid syntax。布里安娜应该修改哪一个元素来修正她的字典，从而可以不再出现错误信息呢？

```
>>> carnival_rides = {
        "Bryant": "Tilt-a-World",
        "Suzie: "Bananarama Slide",
        "Gary": "Mind Twister",
```

```
            "Mandy": "Gloopy Boop"
            }
SyntaxError: invalid syntax
```

A. 把代表 Bryant 的那一个元素改成 "Bryant": Tilt-a-World
B. 把代表 Mandy 的那一个元素改成 Mandy: Gloopy Boop
C. 把代表 Gary 的那一个元素改成 Gary: "Mind Twister"
D. 把代表 Suzie 的那一个元素改成 "Suzie": "Banana-rama Slide"

访问字典里的元素

字典里键所对应的值可以通过引用键的名称来获取（或访问）。

dictionary_name[key]

方括号位于字典变量名称之后，键的名称被放在方括号里。我们可以尝试在 math_test 字典里访问 Tori 的考试成绩。

```
>>> print(math_test["Tori"])
95
```

在上面这个例子里，我们从 math_test 字典得到并输出了 Tori 的考试成绩。

检查字典里是否存在某个键

要想确定字典里是否包含某个键，可以创建一个包含 in 关键字的 if

语句。

if key in dictionary_name:
action

in 关键字用于检查提供的键是否存在于字典里。如果键能够在字典里被找到，那么 Python 会执行 if 语句里的操作。

你可以通过上述方法在 math_test 字典里检查 Samir 是否在字典里。

```
>>> if "Samir" in math_test:
        print("Samir is a key in the dictionary.")

Samir is a key in the dictionary.
```

在上面这个例子里，Python 会检查字符串"Samir"是否是 math_test 字典里的一个键。"Samir"是 math_test 字典里的键，因此字符串"Samir is a key in the dictionary."（"Samir 是字典里的一个键。"）会被输出到解释器。

向字典添加键值对

通过引用键的名称并为其赋值，你就可以向字典里添加新的键值对了！

dictionary_name[key] = value

首先出现的是字典变量名，然后是用方括号括起来的新键名称，最后是等号后面键所对应的值。

让我们在 math_test 字典里添加另一个学生和成绩吧。选一个你喜欢的名字，并且添加一个考试成绩。

```
>>> math_test["Donald"] = 88
>>> print(math_test)
{'Angelo': 77, 'Samir': 93, 'Raquel': 84, 'Louis': 62,
'Analicia': 87, 'Tori': 95, 'Donald': 88}
```

在上面这个例子里，键 Donald 和值 88 会被添加到字典里。于是，当输出字典时，新的键值对就会显示在字典的末尾。每当一个新的键值对被添加到字典里时，这个键值对都会被添加到字典的末尾。

如果引用的是一个已经存在的键，那么可以为它分配一个新值。让我们通过一个实例来看看怎么把 Louis 的考试成绩从 62 改到 72 吧。

```
>>> math_test["Louis"] = 72
>>> print(math_test)
{'Angelo': 77, 'Samir': 93, 'Raquel': 84, 'Louis': 72,
'Analicia': 87, 'Tori': 95, 'Donald': 88}
```

可以看到，输出 math_test 字典时，字典包含了 Louis 的新考试成绩。

 小测验

格斯（Gus）有一本记录着他读过的书的字典，其中还包括他对这些书的评分（1 ~ 5 分）。

```
>>> books = {
        "Much Ado About Nothing": 3,
        "Their Eyes Were Watching God": 5,
        "Invisible Man": 4,
        }
```

他最近读完了 *Speak*（《不再沉默》），想给这本书打 5 分。下面哪一行代码可以让格斯把他对 *Speak* 一书的评价添加到他的字典里？

> **A.** books["Speak"] = 5
> **B.** [books]["Speak"] = 5
> **C.** books["Speak] = 5
> **D.** "books" [Speak] = 5

从字典里删除元素

有 3 种可以从字典里删除元素的方法：pop()、popitem() 以及 del[1]。

pop() 方法

pop() 方法可以用于从字典里删除一个用给定键标识的元素，并返回这个元素的值。

dictionary_name.pop(key)

你可以尝试用这个方法从 math_test 字典里删除 Analicia 和她的考试成绩。

```
>>> math_test.pop("Analicia")
87
>>> print(math_test)
{'Angelo': 77, 'Samir': 93, 'Raquel': 84, 'Louis': 72,
'Tori': 95, 'Donald': 88}
```

在 math_test 字典里执行了 pop() 方法之后，Analicia 的值会被输出到解释器。如果你这时再次输出 math_test 字典，Analicia 所对应的键值对就

---

1 译者注：本节只给出了前两种方法的说明。最后一种参见官方文档"The del statement"，即 del 语句。

不会再出现在字典里了。

popitem() 方法

popitem() 方法会删除字典里的最后一个元素，并返回该元素。

dictionary_name.popitem( )

你可以尝试用 popitem 方法来从 math_test 字典里删除最后一个元素。

```
>>> math_test.popitem()
('Donald', 88)
>>> print(math_test)
{'Angelo': 77, 'Samir': 93, 'Raquel': 84, 'Louis': 72,
'Tori': 95}
```

在 math_test 字典里，元素“'Donald': 88”位于字典的最后一个索引处。在 math_test 字典里执行了 popitem() 方法之后，Donald 和他的考试成绩会被输出到解释器。如果你这时再输出 math_test 字典，Donald 的键值对就不会再出现在字典里了。

迭代字典

有若干种可以通过 for 循环来对字典进行迭代的方法。

输出所有的键

默认情况下，对字典进行迭代时，返回的是键。

```
>>> for student in math_test:
        print(student)
```

```
Angelo
Samir
Louis
Tori
```

在上面的例子里，for 循环会迭代字典里的每个元素（student），并且把所有的键都单独成行地输出到解释器。

你也可以用 keys() 方法来输出字典里的键。

for **key** in **dictionary_name.keys( ):**
print(keys)

keys() 方法被添加到字典变量名的末尾，这样可以确保 Python 使用的是字典里的键。请用 math_test 字典尝试一下吧！

```
>>> for key in math_test.keys():
        print(keys)

Angelo
Samir
Louis
Tori
```

输出所有的值

虽然默认返回的是字典里的键，但是你也可以输出字典里所有的值。要做到这一点，可以通过把字典变量名及键放在方括号里来实现。

print(dictionary_name[key])

通过在 print 语句里使用 math_test 字典和 student 变量，你就可以输出所有学生的考试成绩了。

```
>>> for student in math_test:
        print(math_test[student])


77
93
72
95
```

可以看到，每个学生的考试成绩都单独成行地被输出到了解释器里。还有一种得到字典里所有值的方法，那就是使用 values() 方法。

for *item* in dictionary_name.values( ):
print(*item*)

将 values() 方法添加到字典变量名的末尾，这样可以确保 Python 使用的是字典里的值。请用 math_test 字典尝试一下吧！

```
>>> for student in math_test.values():
        print(student)


77
93
72
95
```

输出所有的键和值

在前文中，我们介绍过如何输出一个字典。还有一种输出字典里的元素的方法，那就是使用 items() 方法对字典进行迭代。

for key, value in dictionary_name.items( ):
print(key, value)

元素对（key 和 value）用于代表 for 循环里的变量。将 items() 方法添加到字典变量名的末尾，这样可以确保 Python 使用的是字典里的键值对。

对于 math_test 字典来说，student 变量表示的是键，score 变量表示的是值。Python 会把每一个键值对都单独成行地输出。

```
>>> for student, score in math_test.items():
        print(student, score)


Angelo 77
Samir 93
Louis 72
Tori 95
```

 小测验

下面哪个代码片段可以只输出 birthday_month 字典里的值？

```
>>> birthday_month = {
        "Aya": "June",
        "Clair": "August",
        "Noah": "December"
        }
```

A.

```
>>> for month in birthday_month.values():
        print(month)
```

B.

```
>>> for person in birthday_month:
        print(birthday_month[person])
```

C.

```
>>> for person, month in birthday_month.items():
        print(month)
```

D. A，B，C 都可以

嵌套字典

字典还可以包含其他的字典！这种在一个字典里存放其他字典的行为称为嵌套（nesting）。

```
dictionary_name = {
        "nested_dictionary" : {
                key : value,
                key : value
        },
        "nested_dictionary" : {
                key : value,
                key : value
        }
}
```

字典里的每个嵌套字典都是以它的名称开始，并用一对花括号 {} 把值括起来。

假设你有 3 个学生的一系列科目和成绩，以及他们的平均绩点（Grade Point Average，GPA）。通过嵌套字典，你就可以在一个更大的字典里存放每个人所有科目的成绩。

```
>>> gradebook = {
    "Mylene" : {
            "English" : "A",
            "Math" : "A",
            "Science": "B",
            "GPA": 3.7
            },
    "Terrell" : {
            "English" : "C",
            "Math" : "B",
            "Science": "A",
            "GPA": 3.2
            },
    "Joseph" : {
            "English" : "B",
            "Math" : "B",
            "Science": "B",
            "GPA": 3.0
            }
    }
```

如果你打算对每个元素进行迭代，并且需要输出信息，那么应保持每个嵌套字典内的键值对的顺序都一致。也就是说，嵌套字典里的数据会是一一对应的。

只要能确保你引用的是正确的字典，那么在本章学到的所有内容都可以应用到嵌套字典里！接下来，我们会介绍如何使用嵌套字典里的数据。虽然给出的示例里并没有包含所有操作，但是你可以参考本章前面介绍的内容，将类似的逻辑应用到任何嵌套字典里。

访问嵌套字典里的元素

那么，应该如何访问嵌套字典里的元素呢？如果你还记得前面关于得到字典里的值的内容，那么应该先引用字典名称，然后把相应的键放在方括号里。嵌套字典也适用同样的规则！

```
>>> print(gradebook["Mylene"]["English"])
A
```

首先提供字典变量的名称，然后引用嵌套字典的名称。这样做之后，你就可以在另一个方括号里提供键的名称了！在上面的例子里，程序会输出 Mylene 的英语成绩。你可以这样来阅读代码：gradebook 字典里的 Mylene 字典里 English（英语）键相对应的值。

向嵌套字典里添加键值对

你可以使用名称来引用嵌套字典，并为它添加一个新的键值对，从而完成向嵌套字典里添加元素的操作。

```
>>> gradebook["Mylene"]["Art"] = "A"
>>> print(gradebook["Mylene"])
{'English': 'A', 'Math': 'A', 'Science': 'B', 'GPA':
3.7, 'Art': 'A'}
```

在上面的例子里，键 Art 被添加到了 Mylene 字典里，并且键 Art 所对应的值是 A。

要想修改嵌套字典里的值，也需要先访问这个所要更改的键值对元素，然后再对它执行赋值操作。

```
>>> gradebook["Mylene"]["English"] = "B"
>>> mylene_english_grade = gradebook["Mylene"]
["English"]
>>> print(mylene_english_grade)
B
```

在上面这个例子里，Mylene 的英语成绩（也就是值）从 A 被改为了 B。

从嵌套字典里删除最后一个元素

要从嵌套字典里删除最后一个元素，可以在所引用的字典的末尾添加 pop() 方法来完成。

```
>>> gradebook["Mylene"].pop()
('Art', 'A')
>>> print(gradebook["Mylene"])
{'English': 'B', 'Math': 'A', 'Science': 'B', 'GPA':
3.7}
```

因为其他学生都没有 Art 课程的成绩，所以你可以通过 pop() 方法来从 Mylene 字典的末尾删除这个新创建的 Art 课程成绩键值对。

迭代嵌套字典

迭代嵌套字典仍然需要通过一个变量来表示它。在成绩册这个例子里，你可以像下面这样迭代各个嵌套字典的名称：

```
>>> for student in gradebook:
        print(student)



Mylene
Terrell
Joseph
```

虽然只提供了更大的 gradebook 字典的名称，但是每个嵌套字典的名称都会被输出到解释器。如果你想要在迭代里得到每个嵌套字典里的元素，那么可以用本章前面介绍的方法。

```
        print(subject, grade)
```

```
Mylene
English B
Math A
Science B
GPA 3.7
Terrell
English C
Math B
Science A
GPA 3.2
Joseph
English B
Math B
Science B
GPA 3.0
```

　　在上面的例子里,我们创建了一个 for 循环,用于迭代嵌套字典里的每个元素。因此,嵌套字典的名称、键值对都会被单独成行地输出到解释器。

项目：学校音乐剧报名

　　一年一度的学校音乐剧时间到了!今年,维杰(Vijay)需要为他新写的音乐剧《没有校长的一天》挑选演员。海选时间就要到了,但是维杰还需要创建一个项目,从而让那些对试镜感兴趣的人能够报名参加他们喜欢的角色。他每天可以用来试镜的时间也是有限的,因此每天只能安排 5 名同学进行面试。报名名单会以"先到先得"的方式完成,一旦有 5 名同学报名,报名名单就会关闭。维杰计划让这个项目运行若干天,因此需要在必要时可以运行这个项目,并且每天在有 5 名同学注册后关闭该项目。

维杰需要为这 4 个角色完成试镜：

- Principal（校长）。
- Teacher（老师）。
- Troublemaker（麻烦制造者）。
- Students（学生）。

这个程序会向同学询问下面这些问题：

- What is your name?（你叫什么名字？）
- What is your grade?（你的成绩是多少？）
- What is your preferred role?（你的首选角色是什么？）

每个问题的回答应该存放到字典里去，这样维杰之后才可以查看每个人的信息以及他们的首选角色。

你的工作就是创建一个这样的程序，从而可以帮助维杰开展学校音乐剧试镜的注册。

步骤

实现上述项目的具体步骤如下。

1. 打开 IDLE

在开始编码之前，请打开 IDLE 并创建一个新文件，并将其命名为 **auditions.py**。

2. 创建字典来存放回答

让我们先创建一个字典，以存放同学们对注册问题的回答。为了让试镜基于兴趣进行组织，我们使用嵌套字典来存放有关哪个同学注册了什么角色的数据。字典里的元素可以先设置为空。

```
auditions = {
    "Principal" : {
        },
    "Teacher" : {
        },
```

```
        "Troublemaker" : {
            },
        "Students" : {
            }
    }
```

在上面的代码段里，auditions 是字典的名称。在 auditions 字典里面有 4 个嵌套字典：Principal、Teacher、Troublemaker 和 Students。这些字典目前都是空的，这是为了能够在程序运行时添加来自同学们的答复。

3. 要求输入

接下来，我们为前面提到的第一个注册问题创建一个变量，并使用 input() 函数来要求同学们进行回答。为了确保同学们的名字格式是正确的，请把同学们的回答转换为首字母大写格式。

```
name = input('What is your name? ').capitalize()
```

通过在 input() 函数的末尾添加 capitalize() 方法，你可以将同学们提供的输入转换为首字母大写的格式。接下来，你需要为第二个注册问题创建一个变量。为了引导同学们应该如何回答这个问题，请在问题里要求同学们输入一个数字作为成绩。

```
grade = str(input('What is your grade? (Please respond with a
number) '))
```

当需要在一个圆括号里使用另一个圆括号时，请确保已添加足够多的右圆括号，不然会出现错误！

最后，为最后一个注册问题创建一个变量。就像前面关于同学们的成绩的问题一样，同学们应该回答一个数字来反映他们对 4 个角色中的哪一个感兴趣。

```
role = input('''What is your preferred role? Please select a
number from the following
```

```
    options:
                        [1]  Principal
                        [2]  Teacher
                        [3]  Troublemaker
                        [4]  Student
                        ''')
```

三引号让你可以编写多行字符串。因此，只要字符串是被包含在三引号里的，你就可以在程序里把每个角色的信息都放在单独的一行中。当问题被输出到解释器时，每个角色都会单独显示在一行上。

4. 把回复添加到嵌套字典里

现在，你需要在对应的嵌套字典里创建新元素的逻辑。根据所选择的角色，同学们的名字和成绩需要在对应的嵌套字典中被创建为一个新的键值对。例如，一个同学选择了角色"校长"，那么来自这个同学的回答就应该在 Principal（校长）嵌套字典里创建一个新的键值对。

让我们先创建一条 if 语句，以检查同学是否想要试镜"校长"角色。input() 函数的默认回答类型是 str，因此 if 语句应该检查回答是否为字符串 '1'，而不是 int 或 float 类型的 1。

在 if 语句里，把同学们对名字和成绩回答的变量作为键值对添加到嵌套的 Principal（校长）字典里。

```
if role == '1':
    auditions['Principal'][name] = grade
```

你可以把 name 变量作为键放在括号里，而把 grade 变量作为值赋给它。

接下来，你需要检查同学们是否想要试镜"老师"这个角色，这时就可以把前面 if 条件类似的逻辑应用于 elif 语句。

```
elif role == '2':
    auditions['Teacher'][name] = grade
```

elif 语句会检查存放在 role 变量的回答是否为 2，如果值是 2，那么同学的名字和成绩会被添加到嵌套的 Teacher 字典里。同样的逻辑也适用于 Troublemaker 这个角色。请创建另一条 elif 语句来添加麻烦制造者这个角色的注册吧！

```
elif role == '3':
    auditions['Troublemaker'][name] = grade
```

最后，创建一条 else 语句，来让其他同学注册试演学生这一角色吧！

```
else:
    auditions['Student'][name] = grade
```

5. 循环填写注册表格

到目前为止，如果运行这个程序，那么整个注册的过程只会发生一次。由于不断地会有人来报名，因此这个程序应该运行到有 5 名同学报名参加试镜为止。这听起来像是 for 循环和函数能做到的工作！

首先，把你先前创建的注册过程代码放到一个函数里。别忘了用来存放每个同学的回答而创建的变量！

```
def sign_up():
    name = input('What is your name? ').capitalize()
    grade = str(input('What is your grade? (Please
respond with a number) '))
    role = input('''What is your preferred role? Please
select a number from the following options:
                [1] Principal
                [2] Teacher
                [3] Troublemaker
                [4] Student
                ''')

    if role == '1':
        auditions['Principal'][name] = grade
```

```
    elif role == '2':
        auditions['Teacher'][name] = grade
    elif role == '3':
        auditions['Troublemaker'][name] = grade
    else:
        auditions['Student'][name] = grade
```

新的 sign_up() 函数就包含了整个注册过程。接下来，在 sign_up() 函数外部创建一个 for 循环，这个循环总共会迭代 5 次。传递给 range() 函数的数字可以用来告诉循环需要迭代的次数。

```
for i in range(5):
```

循环需要迭代 5 次，因此将数字 5 传递给 range() 函数。然后，在 for 循环体内调用 sign_up() 函数。在 for 循环内调用这个函数就能保证注册过程会被执行 5 次。

```
for i in range(5):
    sign_up()
```

循环结束后，你还需要通知其他同学当天的报名已经结束。请在代码里添加代码输出声明，以告诉同学们注册已经关闭了。

```
print("Sign-ups for 'A Day without a Principal' are now
closed")
```

6. 输出注册名单

注册结束后，还需要输出所有注册参加试镜的人员名单。理想情况下，输出应该按照角色进行组织。在每个角色的下方，应该显示出想参演这个角色的同学的名字和成绩——这可以再用一个 for 循环来完成！

首先，我们会列出所有报名参加试镜"校长"这个角色的名单。先创建一个输出语句，使之输出"Role : Principal"。

```
print("Role: Principal")
```

在 print 语句之后，添加一个 for 循环来访问嵌套的 Principal 字典，并且输出每个同学的名字和成绩。你可以通过 items() 函数同时输出元素的键和值。

```
for student, grade in auditions['Principal'].items():
    print(student, grade)
```

程序启动时，Python 会开始 for 循环的第一次迭代，这个循环会调用 sign_up() 函数。注册过的同学会被要求回答 3 个问题。根据同学们对角色的回应，程序会将他们对名字和成绩的回答存放到相应的嵌套字典中。然后，循环再次进行迭代，直到总共迭代了 5 次为止。在最后一次迭代后，Python 会输出一个通知到解释器，让其他同学知道今天的注册已经关闭。最后，Python 会列出一份包含了想参演各个角色的同学的名单。

下面是一个 **Auditions.py** 完整程序的示例：

```
# Dictionary that stores the audition sign-ups
auditions = {
    "Principal" : {
        },
    "Teacher" : {
        },
    "Troublemaker" : {
        },
    "Student" : {
        }
    }


# Function for the sign-up process
def sign_up():
    name = input('What is your name? ').capitalize()
    grade = str(input('What is your grade? (Please
respond with a number) '))
```

```
    role = input('''What is your preferred role? Please
select a number from the following options:
                [1] Principal
                [2] Teacher
                [3] Troublemaker
                [4] Student
                ''')

    if role == '1':
        auditions['Principal'][name] = grade
    elif role == '2':
        auditions['Teacher'][name] = grade
    elif role == '3':
        auditions['Troublemaker'][name] = grade
    else:
        auditions['Student'][name] = grade
# For-loop that calls the sign_up() function 5 times
for i in range(5):
    sign_up()


# Printout for the list of students signed up to audition
print("Sign-ups for 'A Day without a Principal' are now
closed")

print("Role: Principal")
for student, grade in auditions['Principal'].items():
    print(student, grade)

print("Role: Teacher")
for student, grade in auditions['Teacher'].items():
    print(student, grade)

print("Role: Troublemaker")
for student, grade in auditions['Troublemaker'].items():
    print(student, grade)
```

```
print("Role: Students")
for student, grade in auditions['Students'].items():
    print(student, grade)
```

第**13**章

模块

到这一章之前，本书的示例都是让你在一个 Python 文件（扩展名为 .py）里编写所有代码。但是，在使用 Python 时，你可以把代码（尤其是函数和变量）放进任意数量的 .py 文件里，从而创建出所谓的模块（module）。

什么是模块

模块是包含一组你想要包含在程序里的函数的文件。与其在不同的Python 程序里重复创建相同的函数或变量，不如把函数或变量存放到一个模块中，然后再把这个模块导入多个 Python 程序。模块还能够让 Python 程序组织得更好。就像图书会把信息组织成章节那样，你也可以把代码片段放到不同的模块中，而不是把所有代码放在一个文件里。模块会让函数有更好的可重用性，因为它能够让你将模块中的文件导入正在编写 Python 程序的文件里。虽然模块可以被导入程序，但模块本身并不是程序。

创建模块

你可以通过把编写的代码保存在扩展名为 .py 的文件里来创建模块。注意，.py 扩展名是 Python 文件的扩展名。文件本身可以包含函数和变量。

让我们先来创建第一个模块——它将在本章里被反复用到！这个模块由函数和变量组成，用来提供有关太阳系行星的信息。

在 IDLE 里，我们创建一个新文件，并将其命名为 **solarsystem.py**，然后在 **solarsystem.py** 文件里创建一个名为 **planets** 的嵌套字典，用于包含有关太阳系里的每颗行星的空字典。

```
planets = {
    "Mercury" : {
        },
    "Venus" : {
        },
    "Earth" : {
        },
```

```
    "Mars" : {
          },
    "Jupiter" : {
          },
    "Saturn" : {
          },
    "Uranus" : {
          },
    "Neptune" : {
          }
}
```

此时，如果运行 **solarsystem.py** 文件，那么该模块并不会做任何事情，因为它只是定义了 planets 变量。

 ## 小测验

> **下面哪个文件扩展名可以被用来创建 Python 模块？**
> **A.** python　　　　**B.** py　　　　**C.** png　　　　**D.** html

现在，让我们把有关每颗行星的情况添加到 planets 字典中。如下所示的行星情况表包含了会被添加到 planets 字典里的每颗行星的信息。

星球	一年的长度（地球日）	行星类型	到太阳的距离（天文单位）
水星	88	类地行星	0.4
金星	225	类地行星	0.7
地球	365	类地行星	1
火星	687	类地行星	1.5
木星	4333	气态巨行星	5.2
土星	10759	气态巨行星	9.5
天王星	30687	冰巨行星	19.8
海王星	60190	冰巨行星	30

使用行星情况表中的信息为每个行星创建键值对。参考代码如下：

```
planets = {
    "Mercury" : {
        "length of year": 88,
        "planet type": "Terrestrial",
        "distance from sun": 0.4
        },
    "Venus" : {
        "length of year": 225,
        "planet type": "Terrestrial",
        "distance from sun": 0.7
        },
    "Earth" : {
        "length of year": 365,
        "planet type": "Terrestrial",
        "distance from sun": 1
        },
    "Mars" : {
        "length of year": 687,
        "planet type": "Terrestrial",
        "distance from sun": 1.5
        },
    "Jupiter" : {
        "length of year": 4333,
        "planet type": "Gas Giant",
        "distance from sun": 5.2
        },
    "Saturn" : {
        "length of year": 10759,
        "planet type": "Gas Giant",
        "distance from sun": 9.5
        },
    "Uranus" : {
        "length of year": 30687,
        "planet type": "Ice Giant",
```

```
            "distance from sun": 19.8
            },
        "Neptune" : {
            "length of year": 60190,
            "planet type": "Ice Giant",
            "distance from sun": 30
            }
        }
```

我们可以使用 planets 字典里的数据来计算一个人在某颗行星上的年龄。这样的计算过程可以放到一个函数里。在创建函数之前，请考虑需要使用哪些值来计算一个人在行星上的年龄。

要计算一个人在某颗行星上的年龄，你先要用他们在地球上的年龄（以年为单位）乘以地球上一年的总天数。这个数字反映了这个人的年龄在地球上的地球日数量。接下来，用这个地球日总数除以某颗行星上一年的地球日长度。例如，要计算一个 12 岁的孩子在水星上的年龄，就应该是（12×365）÷88 ≈ 49.77272727272727。

在上面的例子里，一个人的年龄、地球上一年的天数以及行星上一年的地球日长度都是计算一个人在这个星球上的年龄所需要的值[1]。但是，地球上一年的天数是恒定的，也就是说，这个数是不变的。因此，我们可以在函数外创建一个名为 EARTH_DAYS 的变量来存放这个值，也就是 365 天。在 Python 中，不变的变量（常量）的变量名是全大写的。

```
EARTH_DAYS = 365
```

接下来，我们就需要考虑应该把哪些值作为参数传递给函数用以调用。我们可以让用户输入他们的年龄和行星的名称。

---

1 译者注：原文这句话"在上面的例子里，一个人的年龄、他们在地球上的天数，以及行星上一年的地球日长度"有点模糊。根据前面的代码和后面一句"但是，地球上一年的天数是恒定的"，应该译为"地球上一年的天数"。

```
def age_on_planet(age, planet):
```

在函数体内，我们可以把计算得到的值存放到名为 new_age 的变量中。

```
def age_on_planet(age, planet):
    new_age =
```

计算会先把用户的年龄和地球上一年的总天数相乘。我们已经在函数外创建了一个名为 EARTH_DAYS 的变量，可以用它来完成这个计算。

```
def age_on_planet(age, planet):
    new_age = (age * EARTH_DAYS)
```

然后，对于给定的行星，我们需要用上面的计算结果除以行星上一年的地球日长度。这个值被存放到 planets 字典的嵌套字典里的 length of year（一年的长度）键处。在对 new_age 变量的计算中，需要用到传递给函数的 planet 变量来作为键得到这个值。

```
>>> def age_on_planet(age, planet):
        new_age = (age * EARTH_DAYS) / planets[planet] ["length
of year"]
```

最后，让我们将 new_age 的值作为整型数值返回。你可以使用 round() 函数来实现这一点。

```
def age_on_planet(age, planet):
    new_age = (age * EARTH_DAYS) / planets[planet] ["length
of year"]
    return round(new_age)
```

在完成 **solarsystem.py** 里的模块之前，请先测试这些功能以确保计算是正确的。在 IDLE 里运行模块之前，请先保存 **solarsystem.py** 文件。你可以利用上面计算一个 12 岁的孩子在水星上的年龄的示例来进行测试。在函数调用时，传递的第一个参数是年龄，第二个参数是行星的名称。

```
age_on_planet(12, "Mercury")
50
```

现在，你已经确认了这个函数可以正常工作，请删除或者注释掉这个函数调用并保存 **solarsystem.py** 文件。下面是这个完整模块的代码示例。

```
# Facts about each planet

planets = {
    "Mercury" : {
        "length of year": 88,
        "planet type": "Terrestrial",
        "distance from sun": 0.4
        },
    "Venus" : {
        "length of year": 225,
        "planet type": "Terrestrial",
        "distance from sun": 0.7
        },
    "Earth" : {
        "length of year": 365,
        "planet type": "Terrestrial",
        "distance from sun": 1
        },
    "Mars" : {
        "length of year": 687,
        "planet type": "Terrestrial",
        "distance from sun": 1.5
        },
    "Jupiter" : {
        "length of year": 4333,
        "planet type": "Gas Giant",
        "distance from sun": 5.2
        },
    "Saturn" : {
        "length of year": 10759,
```

```
        "planet type": "Gas Giant",
        "distance from sun": 9.5
        },
    "Uranus" : {
        "length of year": 30687,
        "planet type": "Ice Giant",
        "distance from sun": 19.8
        },
    "Neptune" : {
        "length of year": 60190,
        "planet type": "Ice Giant",
        "distance from sun": 30
        }
    }

EARTH_DAYS = 365

# Calculate the age of a person on a planet

def age_on_planet(age, planet):
    new_age = (age * EARTH_DAYS) / planets[planet]
        ["length of year"]
    return round(new_age)
```

使用模块

要使用模块，就必须先把模块导入程序，如下所示。

import module

要导入模块，可以通过 import 语句及模块名称来实现。模块的名称是包含需要被导入的函数和变量的 .py 文件的文件名，但并不包括 .py 扩展名。

请确保 import 语句不包含 .py 扩展名。

让我们导入 solarsystem 模块，以便访问这个模块的函数和变量。在 IDLE 里，运行 **solarsystem.py** 模块。在新出现的解释器窗口中，用 import 语句导入 solarsystem 模块。

```
import solarsystem
```

在导入 solarsystem 模块之后，准备工作就已经完成并且可以使用这个模块了！让我们先试着访问 solarsystem 模块中的变量。访问模块中的变量的语法格式如下所示。

module.variable

首先使用模块名称，然后使用句点和变量名称。例如，在 IDLE 里，访问 solarsystem 模块中的 EARTH_DAYS 变量的值就是：

```
solarsystem.EARTH_DAYS
365
```

你可能会注意到，在输入的时候 IDLE 就向你提供了一个包含 solarsystem 模块中的字典、变量和函数的列表。这是一个非常有用的特性，它可以帮助你了解模块中可用的内容。如果这时你单击EARTH_DAYS 变量，那么这个变量就会被放置到代码行里。

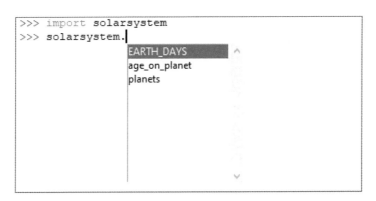

让我们访问 solarsystem 模块中 planets 字典变量里的一个嵌套字典元素。在 IDLE 里，访问土星的"distance from sun"（到太阳的距离）键的值。

```
[ 访问土星到太阳的距离 ]](./Resources/Chapter13/Code-13-15.png)
solarsystem.planets["Saturn"]["distance from sun"]
9.5
```

要访问模块中的嵌套的字典元素，请参见第 12 章里介绍的访问嵌套字典的元素的语法格式。

接下来，让我们使用 solarsystem 模块中的 age_on_planet() 函数。使用模块中的函数遵循的语法格式如下所示。

module.function(argument1, argument2)

当使用所导入模块中的函数时，IDLE 也提供了参数的文档。如果访问 solarsystem 模块的 age_on_planet() 函数，就会得到如下所示的参数文档。

```
>>> import solarsystem
>>> solarsystem.age_on_planet(
                              (age, planet)
```

在 IDLE 里，使用 age_on_planet() 函数计算 12 岁的孩子在火星上的年龄。

```
solarsystem.age_on_planet(12, "Mars")
6
```

当你调用 age_on_planet 函数时，这个函数的参数会被放在括号里进行传递。第一个参数是 age 对应的 int 类型的值，第二个参数是 planet 对应的 str 类型的值。

要在程序文件里使用模块，就必须把模块文件保存在计算机的同一个文件夹里[1]。让我们来试试看吧,请在 IDLE 里创建一个名为 **program.py** 的新文件,并将这个程序与 **solarsystem.py** 文件保存在同一文件夹里。在 **program.py** 文件里,使用 import 语句导入 solarsystem 模块。

```
import solarsystem
```

和前面提到的操作类似,你也可以按照相同的步骤来访问 solarsystem 模块中的字典、变量和函数。例如,要访问 EARTH_DAYS 变量的值,可以在 **program.py** 文件里编写一条输出 solarsystem 模块中的 EARTH_DAYS 变量的 print 语句。

```
print(solarsystem.EARTH_DAYS)
```

当你运行 **program.py** 模块时,365 就会输出到新出现的解释器窗口。

 小测验

> **下面哪个选项是将一个名为 orderpizza 的模块导入 Python 程序的正确语法?**
>
> **A.** orderpizza import
>
> **B.** import module orderpizza
>
> **C.** import orderpizza
>
> **D.** import orderpizza module

为模块使用别名

别名(alias)能够让你通过不同的名称来引用模块。这在你导入了一个

---

1 译者注:有其他的方法可以加载在不同文件夹里的模块,不过作为初学者,可以默认都应该在同一个文件夹里。

名称很长的模块时会非常有用。在 Python 中，你可以使用 as 关键字来为模块创建别名。

import module as alias

如果打算为一个模块使用别名，请确保在整个程序里一直使用的是别名。这是因为在为模块创建别名之后，Python 就只会识别模块的别名，而不能再识别模块原本的名称了。

你可以为 solarsystem 模块创建别名 sol，以缩短整个名称。让我们修改 **program.py** 文件，导入 solarsystem 模块并为它创建别名 sol。

```
import solarsystem as sol
```

你仍然可以像之前那样访问 solarsystem 模块中的函数和变量，但是这时就应该把模块称为 sol 了。我们调用 age_on_planet() 函数来计算 12 岁的孩子在金星上的年龄。

```
print(sol.age_on_planet(12, "Venus"))
```

from 关键字

通常来说，你可能只需要从一个模块中导入特定的函数、变量或字典等。你可以使用 from 关键字来实现这个操作。

from module import part

solarsystem 模块包含了一个字典、一个常量变量以及一个函数。修改 **program.py** 文件，使之只导入 planets 字典。

```
from solarsystem import planets
```

如果只导入模块的一部分的话，就不再需要在访问模块中的变量时包含模块名称了。例如，要访问金星的 planet_type（行星类型）键的值，就可以直接通过访问嵌套字典里的元素来实现。

```
print(planets["Venus"]["planet type"])
Terrestrial
```

如果这时你想要使用 age_on_planet 函数，会发生什么呢？

```
age_on_planet(12, "Venus")
Result:
Traceback (most recent call last):
  File "C:/Users/aprilspeight/solarsystem/program.py",
    line 5, in <module>
    age_on_planet(12, "Venus")
NameError: name 'age_on_planet' is not defined
```

可以看到，Python 无法识别这个函数！这是因为 age_of_planet() 函数并没有被导入 **program.py** 文件，所以 Python 不能意识到它的存在。

就像为模块创建别名一样，你也可以为导入的部分创建别名。例如，可以为 planet 字典创建别名 p。在 **program.py** 文件里，请通过修改导入 planets 字典的 import 语句来为它创建别名 p 吧。

```
from solarsystem import planets as p
```

和前面一样，在访问金星的 planet_type（行星类型）键的值时，并不需要包含 solarsystem 模块的名称，也不需要用完整的字典名称 planets，而是通过别名 p 来完成。

```
print(p["Venus"]["planet type"])
Terrestrial
```

 小测验

> 香农（Shannon）创建了一个名为 chessboardgame 的模块，其中所包含的函数和变量可以用来编程实现国际象棋游戏功能。她想在程序里使用这个模块，并且希望能给模块起一个别名，从而不用在每次想使用模块的功能时都必须输入完整的模块名称。当香农将 chessboardgame 模块导入程序时，她应该使用什么语法来让 chess 代表 chessboardgame 模块？
>
> A. import chessboardgame as chess
>
> B. chessboardgame import chess
>
> C. import module chessboardgame as chess
>
> D. as chess import chessboardgame

查看模块中的所有属性 [1]

要得到一个包含模块中所有函数名称和变量名称的列表，可以使用 dir() 函数。

dir(module)

dir() 函数会返回包含模块中所有属性名称的列表。你可以把属性当作模块的特征。

在 **program.py** 文件里，修改 import 语句，从而把 solarsystem 模块的所有部分导入程序。接下来，让我们使用 dir() 函数来得到 solarsystem 模块的所有属性吧！

---

1 译者注：原文标题是"查看模块中的所有函数"，而根据内容，应该是"查看模块中的所有属性"。

```
import solarsystem

print(dir(solarsystem))
['EARTH_DAYS', '__builtins__', '__cached__', '__doc__',
'__file__', '__loader__', '__name__', '__package__',
'__spec__', 'age_on_planet', 'planets']
```

你可能会注意到有一些以前从未听说过的属性被输出了。这些属性是由
Python 自动生成的。

- __builtins__ 是一个包含了可以在模块中使用的所有内置属性的列
  表。这些内置属性是由 Python 自动添加的。
- __cached__ 会告诉你与模块相关联的缓存文件的名称和位置。缓
  存文件能够减少加载 Python 模块所需的时间。
- __doc__ 提供了这个模块的帮助信息。如果在模块中创建了文档字
  符串，就可以使用 __doc__ 属性来得到文档字符串里的文本。
- __file__ 会告诉你模块的名称和位置。
- __loader__ 提供模块的加载器信息。加载器（loader）是一个软
  件，用于获取模块并把它放入内存中，从而让 Python 可以使用这个
  模块。
- __name__ 会告诉你模块的名称。
- __package__ 被导入系统用来简化模块的加载和管理。
- __spec__ 包含了导入这个模块的规范。

位于列表开头和末尾的是由用户创建的模块属性。例如，solarsystem
模块包含的 3 个分别名为 EARTH_DAYS、age_on_planet 和 planets 的
属性[1]。

---

1 译者注：原文只提到了列表的末尾，并且不包含EARTH_DAYS属性。

第**14**章

后续内容

到 目前为止，本书介绍了基础的 Python 概念。那么，接下来该做些什么呢？在继续创建自己的 Python 程序之前，请继续探索可以用来帮你创建和管理 Python 项目的其他工具吧！

Python 库

模块功能让你能够通过导入其他 Python 程序员创建的模块，从而具备使用 Python 做更多事情的能力。网站 PyPI. 提供了可以安装并导入个人程序的包（packages）。包是一组 Python 模块的集合。

在使用来自 Python 社区的包时，你必须通过 PIP（Package Installer for Python）来安装这个包。PIP 是 Python 的包管理器。你可以通过在终端里输入命令 pip --version 来查看你的计算机上是否安装了 PIP。如果没有安装 PIP，那么可以从 PyPI 官网下载并安装它。

如果你的计算机上已经安装了 PIP，那么可以通过命令 pip install package 来安装包，然后将命令中的 package 替换为要安装的包的名称即可，例如，pip install emoji。请按照第 13 章里介绍的步骤来使用包里的函数和变量。

让我们来试试 Matplotlib 库吧！ Matplotlib 是一个用来在 Python 中创建静态、动画和交互式可视化的库。我们将会用它来使用在同一条线上的几个坐标来画一个线图。你可以访问 Matplotlib 官方网站，查看相关文档。

在使用 Matplotlib 之前，先打开终端并输入命令 pip install Matplotlib。这条命令会把 Matplotlib 库安装到你的计算机上，从而可以在 Python 程序里调用。

在 IDLE 里，请创建一个新文件，并将其命名为 **pyplot.py**。接下来，你需要导入 matplotlib.pylot，才能访问创建线图的函数。打开 IDLE 并输入 import matplotlib.pylot as plt。在这里使用别名会非常方便，因为你可以用更短的名称 plt 来引用这个库。

```
import matplotlib.pyplot as plt
```

matplotlib.pyplot 库包含的 plot() 函数可用来基于 x 轴和 y 轴绘制点。在使用 plot() 函数时，会把 x 轴和 y 轴的信息通过数字列表放在括号里。第一个列表传递的是 x 轴的值，第二个列表传递的是 y 轴的值。在这个例子里，我们将用到下面这些坐标。

- (1, 2)。
- (2, 4)。
- (3, 6)。
- (4, 8)。

在 **pyplot.py** 文件里，用 plt 别名和 plot() 函数绘制相应的坐标。

```
plt.plot([1, 2, 3, 4], [2, 4, 6, 8])
```

在图里添加上 x 轴和 y 轴的标签可以帮助大家了解图表上的值代表什么。matplotlib.pylot 库包含的 xlabel() 函数和 ylabel() 函数，可以用来为两个轴提供标签。标签名称会以字符串的形式传递到函数的括号里。我们可以把 x 轴和 y 轴分别标记为 x-axis 和 y-axis。

```
plt.xlabel('x-axis')
plt.ylabel('y-axis')
```

在 **pyplot.py** 程序里使用的最后一个函数是 show()。show() 函数可以用来显示图表。

```
plt.show()
```

请保存并运行 **pyplot.py** 程序。在新打开的解释器窗口中，稍等片刻，IDLE 就会显示出图表。

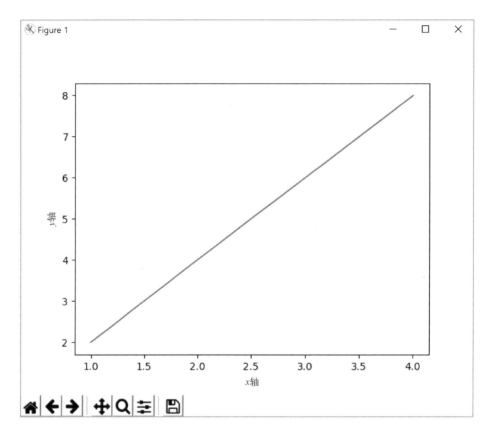

　　默认的可视化方式会把那些坐标绘制在一条线上。但是，你可以通过修改 plot() 函数里的参数来设置图形的可视化方式。例如，你可以在图表对应的坐标上添加带颜色的标记点。让我们 IDLE 里修改 plot() 的参数，使之包含 ob 参数，这个参数会为每个坐标画上一个蓝色小圆圈。

```
import matplotlib.pyplot as plt

plt.plot([1, 2, 3, 4], [2, 4, 6, 8], 'ob')
plt.xlabel('x-axis')
plt.ylabel('y-axis')
plt.show()
```

　　请保存并运行 **pyplot.py** 程序。在新打开的解释器窗口中，稍等片刻，

IDLE 就会显示出图表了。

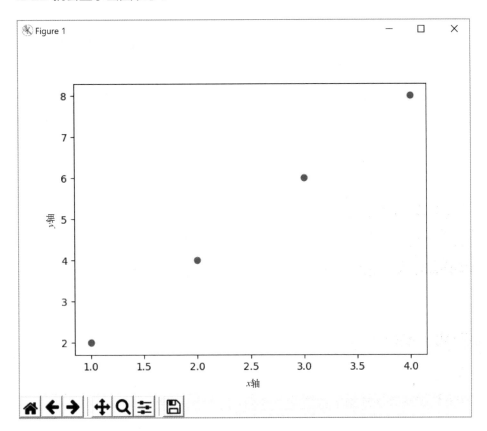

虚拟环境

在继续 Python 之旅时，你会发现自己为不同的项目安装了一些库。如果你把这些库按照项目分开，使用起来就会非常方便。到目前为止，你一直使用的是 Python 的全局环境，这个环境会被所有项目和程序共享。当你创建了越来越多的程序时，让它们的环境保持相互独立，特别是让每个项目都维护自身所需的库的列表是很有用的。这样的需求称为依赖关系

（dependencies）。

使用 Python 的时候，你可以为每个项目应用虚拟环境。虚拟环境为 Python 的项目提供了一个独立的环境。虚拟环境之间是彼此独立的，这就意味着项目的依赖关系并不会彼此冲突。

virtualenv 包用于创建虚拟环境。因此，需要使用命令行来创建隔离环境。你可以用命令 pip install virtualenv 来安装包，然后用命令 python3 -m venv 来创建虚拟环境。注意，根据第 2 章的内容，在 Windows 里使用"python"即可，在 macOS 里才需要使用"python3"。

你可以用命令 python3 -m venv <folder name> 在当前的文件夹里创建一个新文件夹，以存放虚拟环境的所有相关文件。在命令里，切记把末尾的 <folder name> 替换成所选择的文件夹名（例如，python3 -m venv env 会创建一个名为 env 的文件夹）。虚拟环境会使用安装在 PATH 环境变量上的 Python 版本。

你可以通过把命令里的 python3 替换为相应的版本（例如，在 Windows 里可以通过 c:\Python35\python 命令使用 python 3.5 版本）来决定要在虚拟环境里使用的 Python 版本。

在使用虚拟环境前必须要先激活它。根据计算机的操作系统，用来激活虚拟环境的文件会被存放到 bin（Windows）或者 Scripts（MacOS、Linux）文件夹里。对于 Windows，你可以使用命令提示符应用程序或 PowerShell 来激活虚拟环境。使用命令提示符应用程序激活虚拟环境的命令是 <environment_name>\Scripts\activate.bat，使用 PowerShell 激活虚拟环境的命令是 <environment_name>\Scripts\Activate.ps1。对于 macOS 或 Linux，你可以用命令 bash 或 zsh 来激活虚拟环境。使用 bash 或 zsh 来激活虚拟环境的命令是 source <environment_name>/bin/activate。

激活虚拟环境后，你就会在终端提示符开头的括号里看到虚拟环境的相应名称了。激活虚拟环境后，安装的所有包都会被存放在虚拟环境里。如果要退出虚拟环境，请在终端里输入命令 deactivate。

如果你想把程序分享给朋友，那么该怎么做呢？怎么能让他们知道程序需要什么库呢？你可以在 require.txt 文件里保留所有需要的库的列表，把它和程序一同分享。接收到程序的人可以使用命令 pip install -r require.txt 把需要的库安装到虚拟环境里。

集成开发环境

到目前为止，你使用了 IDLE 来创建和运行 Python 程序。虽然你可以继续使用 IDLE 来创建和管理 Python 程序，但并不推荐在比较大的项目里使用 IDLE。一些包含各种附加功能的集成开发环境（Integrated Development Environment，IDE）可以帮助你创建和管理程序。

IDE 为你提供了编辑、运行和修复 Python 程序的能力，并提供了语法高亮显示和自动完成功能来帮助你编写代码。你还可以在 IDE 的帮助下找到并修复代码里的错误。

可以和 Python 一起使用的流行 IDE 有 PyCharm、Visual Studio Code 和 Atom。

小测验答案

第 4 章

下面哪个变量名称不能被用在 Python 中？

答案：B

内奥米想要输出 movie_title 变量的值，但是那条赋值的语句是错误的。下面哪个选项能够正确地把电影标题《玩具总动员 4》(*Toy Story 4*) 分配给 movie_title 变量呢？

答案：C

当内奥米尝试输出 description 变量时，她得到的是一个错误提示信息。那么 description 变量有什么问题呢？

答案：D

如果这时哈里森想要输出 current_location 变量，那么什么地点会被输出呢？

答案：A

第 5 章

$$(2 \times 3) + 7^2$$

答案：55

$$72 \div 8$$

答案：9.0

$$3^3 \div 2 + 3^2$$

答案：22.5

$$(5+10) + (9 \times 5) - 12$$

答案：48

第 6 章

哈维尔（Javier）整理了他最喜欢的 50 首各个时代的歌曲清单。但是，他是从互联网上通过复制和粘贴的方式得到的标题，因此标题的格式是各种各样的。有些标题是全部大写的，有些则是全部小写的。哈维尔希望能够把清单里的名称格式统一，也就是让歌曲名称里的每个单词的第一个字母大写。哈维尔应该使用下面哪个字符串方法呢？

答案：D

第 8 章

贾里德（Jared）想创建一个他最喜欢的超级英雄的清单。下面哪条语句展示了创建这个列表的正确语法？

答案：C

位于 books 列表的 [−2] 索引处的元素是什么？

答案：D

克劳迪娅的列表似乎太长了。她可以通过哪个函数来得到列表的长度？

答案：A

由于克劳迪娅的列表太长了，她需要从 presents 列表里删除一个元素。因为在上次的生日她已经得到了一个篮球，所以她决定删掉篮球（basketball）。克劳迪娅可以使用哪个方法来删除她不再想要的元素？

答案：C

克劳迪娅想要具体说明自己想要的生日礼物里相机的类型。她希望指定的是宝丽来相机，而不是其他相机。克劳迪娅可以用哪个方法把 camera 元素替换为 Polaroid camera？

答案: B

劳尔（Raul）的宠物狗最近要生小狗了！他决定让他的朋友们以先到先得的方式领养还没出生的小狗。在小狗出生之前，劳尔创建了一个列表，用来汇总有兴趣领养小狗的朋友的名字。在小狗出生之后，劳尔发现列表上有 12 个人的名字，但是只有 7 只小狗。请你帮他看看，用下面哪个语句才能输出 options_interest 里可以领养小狗的好友列表。

答案: D

第 9 章

最近，因为评分系统出现了故障，存放在克莱因先生（Mr. Klein）的成绩簿里的考试成绩被降低了 3 分。克莱因先生可以使用哪个 for 循环来把所有的考试成绩都提高 3 分并输出新的考试成绩呢？

答案: B

第 10 章

下面哪个关于 while 循环的陈述是正确的？

答案: D

第 11 章

下面的代码块包含了一个定义了 double() 函数的代码片段。double() 函数会接受一个数字，并返回这个数字的两倍数。请说出代码块每个部分的名称。

答案：1. 函数名称，2. 形式参数，3. 变量，4. 实际参数

瑞奇（Ricky）不知道为什么 age_in_dog_years() 函数的返回值是 117 而不是 91。他应该怎么做，才能确保输出到解释器的是 91 呢？

答案：C

第 12 章

布里安娜（Briana）创建了一个字典用来存放她的朋友在嘉年华里最喜欢的游乐设施。但是，当她尝试输出这个字典时，她却收到了错误信息 SyntaxError: invalid syntax。布里安娜应该修改哪一个元素来修正她的字典，从而可以不再出现错误信息呢？

答案：D

格斯（Gus）有一本记录着他读过的书的字典，其中还包括对这些书的评分（1 ~ 5 分）。他最近读完了 Speak（《不再沉默》），并且想给这本书打 5 分。下面哪一行代码可以让格斯把他对 Speak 一书的评价添加到他的字典里？

答案：A

下面哪个代码片段可以只输出 birthday_month 字典里的值？

答案：D

第 13 章

下面哪个文件扩展名可以被用来创建 Python 模块？

答案：B

下面哪个选项是导入一个名为 orderpizza 的模块到 Python 程序的正确语法？

答案：C

香农（Shannon）创建了一个名为 chessboardgame 的模块，其中所包含的函数和变量可以用来编程实现国际象棋游戏功能。她想在程序里使用这个模块，并且希望能给模块起一个别名，从而不用在每次想使用模块的功能时都必须得输入完整的模块名称。当香农将 chessboardgame 模块导入到她的程序时，她应该使用什么语法来让 chess 代表 chessboardgame 模块？

答案：A